와인 상식사전

와인 상식사전

Common Sense Dictionary for Wine

초판 발행 · 2009년 8월 31일
1차 개정 발행 · 2012년 10월 18일
2차 개정 1쇄 발행 · 2017년 4월 25일
2차 개정 11쇄 발행 · 2023년 3월 20일

지은이 · 이기태
발행인 · 이종원
발행처 · (주)도서출판 길벗
출판사 등록일 · 1990년 12월 24일
주소 · 서울시 마포구 월드컵로 10길 56(서교동)
대표전화 · 02)332-0931 | **팩스** · 02)322-0586
홈페이지 · www.gilbut.co.kr | **이메일** · gilbut@gilbut.co.kr

기획 및 책임편집 · 박윤경(yoon@gilbut.co.kr) | **디자인** · 박상희 | **마케팅** · 정경원, 김진영, 최명주, 김도현, 이승기
제작 · 이준호, 손일순, 이진혁, 김우식 | **영업관리** · 김명자, 심선숙, 정경화 | **독자지원** · 윤정아, 최희창

편집진행 및 교정교열 · 이명애 | **전산편집** · 트인글터 | **CTP 출력 및 인쇄** · 예림인쇄 | **제본** · 예림바인딩

@이기태, 2017
ISBN 979-11-6050-162-9 13590
(길벗 도서번호 070343)

정가 16,500원

독자의 1초까지 아껴주는 정성 길벗출판사

(주)도서출판 길벗 | IT교육서, IT단행본, 경제경영서, 어학&실용서, 인문교양서, 자녀교육서 www.gilbut.co.kr
길벗스쿨 | 국어학습, 수학학습, 어린이교양, 주니어 어학학습, 학습단행본 www.gilbutschool.co.kr

Common sense dictionary for wine

역사와 문화, 이야기로 즐기는

와인
상식사전

이기태 지음

길벗

와인과 사랑에 빠지는 77가지 방법!

와인 전문가로서 와인숍을 운영하며, 학생들을 가르치며, 또 와인 관련 방송에서 자문 역할을 하며 느낀 점은 아직도 많은 사람들이 와인을 두려워한다는 사실입니다. 다음과 같은 이유로 말이지요.

1   와인은 비싼 술이잖아요. 게다가 집에서 보관하려면 와인 셀러라는 게 또 있어야 한다면서요? 와인은 부의 상징 같아요.

2   소주나 맥주는 그냥 마시면 되는데, 와인은 이름부터 사람 기를 죽여요. 읽을 수도 없는 꼬부랑 글씨로 도배된 와인병을 집어들면 눈앞이 캄캄하더라고요.

3   와인을 마실 때 맛과 향을 구별할 줄 알아야 한다면서요? 제 혀는 와인을 마시기엔 너무 무딘가 봐요.

4   와인에 대해 어설프게 아는 척하다가 중요한 자리에서 망신이라도 당하면 큰일이잖아요.

울렁증은 이제 그만! 와인과 친해질 수 있는 비법 대공개!

와인은 그냥 술입니다. 기쁠 때나 슬플 때나 축하할 일이 있을 때 생각나는 한잔의 술! 내 입맛에 맞는 1~2만원대 와인으로 부담없이 와인을 즐길 수 있으며, 보기만 해도 기가 죽는 와인 레이블도 사실 기준이 되는 몇 가지 내용만 알면 술술 해독이 가능하답니다.

언제 어디서라도 편하게 나를 대해 주는 친구와 연인 같은 와인을 너무 어렵게만 생각하는 분들을 만날 때마다 그 오해를 풀어드리고 싶었습니다. 이 책은 그런 안타까움을 바탕으로 집필했습니다.

사람과 사람을 이어주는 붉은 물방울, 와인!

와인을 마시고, 와인 이야기를 하면서 대화를 이어가는 것은 결코 어렵지 않습니다. 언제 봐도 정겨운 친구와 만날 때, 사랑스러운 연인과 분위기 좋은 데이트를 즐길 때, 아직은 좀 서먹한 비즈니스 파트너와 식사를 해야 할 때, 와인은 상대방과 나를 이어주는 훌륭한 매개체가 될 수 있습니다.

저도 와인을 통해 많은 사람들을 만나고 도움을 주고받으며 이 자리까지 왔다고 할 수 있습니다. 특히 이 책을 만드는 데 많은 사람들의 도움이 있었습니다. KBS 이재혁 PD님, (주)파워피티 이승일 대표, 좋은 와인을 하나하나 소개해 준 소믈리에 여러분들, 물심양면으로 후원해 주고 응원을 아끼지 않은 사랑하는 가족 그리고 길벗 출판사 관계자분들께 진심 어린 감사의 마음을 전합니다. 마지막으로 독자 여러분께도 진심으로 감사의 말씀을 드립니다.

와인이 가장 인상 깊게 등장한 최초의 영화라 할 수 있는 〈카사블랑카〉의 명대사를 소개하며 글을 마무리합니다.

"그대의 눈동자에 건배를!"

이기태

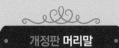

당신의 일상에 와인이 좋은 친구가 되어주길!

'사전(事典)'의 사전적 의미는 '여러 가지 사항을 모아 일정한 순서로 배열하고 그 각각에 해설을 붙인 책'입니다. 사실 와인처럼 오감각을 취하게 하는, 다분히 감성적인 술에 대한 정보를 사전처럼 엮어 선보인다는 것이 조금은 의외일 수 있지만 《와인 상식사전》은 와인을 처음 접하거나 두려움을 갖고 있는 분들에게 최대한 쉽고 친절하게 다가서려 노력한 책입니다.

다채로운 맛을 느낄 수 있는 와인!

와인 전문가로서 학생들을 가르치거나 자문 활동을 하다 보면 아직도 많은 사람들이 와인을 어려워합니다. 유명인들이 반했다고 소개하는 와인은 한결같이 고가이고, 와인의 맛과 향을 음미하기에는 본인의 혀가 너무 무딘 것만 같지요. 그래서 와인은 어떤 이에게는 가까운 친구가 아니라 동경의 대상처럼 되어버리기도 합니다. 하지만 아직도 와인의 늪에서 허우적대는 제가 처음 마신 와인은 그런 비싼 와인이 아니었습니다. 캐나다 유학 시절 맥주 대신 집어든 10달러짜리 화이트와인 한 병은 제 인생을 바꿔 놓았지요. 술에서 이런 다채로운 맛을 느낄 수 있다니요!

알고 마시면 두세 배 더 맛있는 와인!

이 책의 첫째마당에서 와인에 대한 기본 정보를 쭉 살펴보고, 둘째마당에서 와인의 다양한 특성을 파악한 후, 셋째마당의 국가별 와인을 살펴보면 마셔보고 싶은 포도 품종이나 와인이 손에 잡힐 테니까요. 와인의 맛도 음식의 맛과 다르지 않아요. 본인의 입맛에 맞는 와인을 만나면 맛있는 음식을 먹을 때와 마찬가지로 세상 근심이 다 날아가지요. 맵고 짠 음식을 좋아한다면, 혹은 상큼하고 부드러운 맛을 좋아한다면 틀림없이 와인도 그럴 테지요. 그럼 와인숍에 들러 자신 있게 이렇게 물어보세요. '맵고(스파이시하고) 짠(미네랄의 여운이 느껴지는) 와인, 혹은 부드럽고(타닌이 적고) 상큼한 과일향이 나는 와인을 추천해주세요.' 또한 기분이나 상황에 따라 다른 음식이 먹고 싶은 것처럼 그때그때 다른 맛의 와인을 선택할 수 있으니 이보다 더 멋진 술이 있을까요. 더 나아가 특별한 순간을 위해 두근거림으로 마주할 와인 한 병을 점찍어 두며 '어느 멋진 날'도 함께 할 수 있는 매력적인 술이지요.

이 책이 세상에 나온 지 벌써 8년이 되었습니다. 이 책을 처음 접했을 때 와인 초보였던 분들도 이젠 와인과 많이 친해지셨겠지요? 그래서 이번 개정판에서는 와인 한 잔 기울이며 나눌 수 있는 와인에 숨겨진 뒷이야기들도 많이 싣기 위해 노력했습니다. 알고 마시면 두세 배 더 맛있는 법이니까요. 승리의 순간에도 패배의 순간에도 샴페인을 사랑했던 나폴레옹처럼 당신의 일상에도 와인이 언제나 좋은 친구가 되길! 그리고 《와인 상식사전》이 당신과 와인이 사랑에 빠지게 해줄 행복 매개체가 되기를 진심으로 바랍니다.

이기태

이것만 알아도 와인이 보인다!

준비 마당

아직 한 번도 스스로 와인을 골라본 적이 없거나, 왠지 모를 '와인 울렁증'이 있는 와인 초보자들을 위한 마당입니다. 여기서 알려주는 기본 매너만 알아도 지금 당장 사람들과 어울려 와인을 즐길 수 있답니다.

#와인매너 #와인잔 #원샷 금지 #첨잔 #테이스팅 #건배 #비즈니스 자리

첫째 마당

와인의 종류부터 맛의 느낌, 레이블 보는 법에서 상황에 맞는 와인 고르는 법까지, 와인의 맛을 알기 시작하는 단계에서 알아야 하는 정보를 담은 마당입니다. 첫째마당만 잘 알아도 혼자 와인 쇼핑하는 것에 문제가 없습니다.

#레드와인 #화이트와인 #로제와인 #스파클링와인 #타닌 #바디감 #산도
#T.P.O에 맞는 와인 #개봉한 와인 활용 #와인 레이블 #와인 리스트
#하우스와인 #소믈리에

둘째 마당

와인의 아로마와 빈티지, 와인글라스는 물론 컬트 와인과 귀부 와인, 자연주의 와인까지! 와인숍에 가서도 내 입맛에 꼭 맞는 와인을 고를 수 있는 방법과 정보를 알려주는 마당입니다. 둘째마당만 잘 이해해도 와인 초보자에서 한 단계 업그레이드될 수 있습니다.

#아로마 #포도 품종 #마리아주 #치즈 #와인글라스 #디캔팅 #마랑고니 #코르크
#부쇼네 #샴페인 #귀부 와인 #아이스 와인 #컬트 와인 #빈티지 #자연주의 와인

셋째 마당

와인의 종류와 나라별 와인의 특성에 대해 설명한 마당입니다. 각 나라별 와인 산지에 대한 방대한 자료를 알기 쉽게 풀어놓았습니다. 이 마당을 잘 이해하면 나라별 와인을 제대로 즐길 수 있을 거예요.

#프랑스 와인 #와인 등급체계 #이탈리아 와인 #스페인 와인 #미국 와인
#독일&오스트리아 와인 #칠레&남미 와인 #남아공 와인 #호주 와인
#뉴질랜드 와인

넷째 마당

와인의 탄생에서 구세계, 신세계를 아우르는 다양한 와인 이야기를 담은 마당입니다. 와인의 역사와 재미있는 에피소드 등 흥미로운 이야깃거리로 각종 모임과 데이트, 비즈니스 모임의 대화에서 주목받을 수 있습니다.

#와인의 시작 #와인 전도사 로마 군인 #와인 종주국 #중세 수도원 #로스차일드
#샤토네프 뒤 파프 #나폴레옹의 와인 사랑 #필록세라 #프랑스 와인 라이벌
#구세계&신세계 와인 #오크통 #로마테 콩티 #샤토&네고시앙

다섯째 마당

와인의 탄생에 얽힌 놀랍고도 재미있는 이야기, 와인을 사랑한 역사적 인물들의 에피소드를 담은 마당입니다. 와인을 단순히 향과 맛만으로 음미하는 것이 아니라 이야기로도 충분히 그 맛과 깊이를 느낄 수 있을 것입니다.

#괴테 와인 #비운의 왕비 #음악이 키운 와인 #황제의 샴페인 #부티크 와이너리
#예술가가 만든 레이블 #처칠이 사랑한 샴페인 #아내에게 바치는 와인
#점자 레이블 #친퀘테레 #마릴린 먼로의 와인 #패러디 레이블 #007 시리즈

둘째
마당 〉〉 와인, 이것만 알면 나도 소믈리에! ────◆

셋째
마당   국가별 & 지역별 와인 정보 완전정복   ————◆

넷째 마당   친구·연인·비즈니스 파트너에게
아는 척하기 좋은 와인 상식!

준 비 마 당

와인 매너,
이것만 알면 된다!

01

와인잔,
어디를 잡아야 하나?

　와인이 대중화되었다지만 여전히 와인 앞에만 서면 주눅이 들지요. 무슨 뜻인지 알기 어려운 이름과 천차만별의 가격 등 고르는 것도 어려운데 제대로 마시는 방법도 따로 있을 것 같고요. 친구들과 편하게 마시는 자리라면 모를까, 중요한 자리나 격식 있는 자리라면 와인잔을 잡는 것부터 이리저리 눈치만 보게 되지요. 얇은 글라스의 와인잔이 깨지지는 않을지 고민이 되기도 하고요.

　하지만 격식에 너무 얽매이지 않아도 됩니다. 기본적인 예의를 지키는 것은 필요하지만, 그보다도 함께 하는 사람들과 즐겁게 마시는 것이 가장 좋은 매너가 아닐까요?

잡기 편한 곳을 잡고 마시는 것이 정답!

　와인잔(Wineglass)은 반드시 '다리'(Stem) 부분을 잡고 마셔야 할까요, 아니면 '볼'(Bowl)을 잡고 마셔야 할까요? 의견이 분분하지만 와인잔을 잡는 방법에는 정답이 따로 없습니다. 사람마다 자기가 잡기 편한 곳을 잡고 마시면 그만입니다. 볼 부분을 잡든지, 다리 부분을 잡든지, 아니면 '받침'(Base) 부분을 잡든지 아무 상관이 없다는 것입니다. 즉, 글라스 어느 부분을 잡고 마시든 모두 옳습니다.

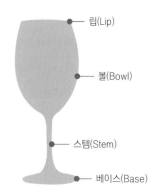

- 립(Lip)
- 볼(Bowl)
- 스템(Stem)
- 베이스(Base)

사람의 체온에 의해 와인의 온도가 올라가는 것을 방지하기 위하여 글라스 다리 부분을 잡고 마셔야 한다는 주장이 틀린 것은 아닙니다. 특히 차게 해서 마시는 화이트와인이나 스파클링 와인은 온도 상승을 방지하기 위해 다리 부분을 잡고 마시는 것이 좋습니다.

하지만 그것도 반드시 지켜야 하는 원칙이나 예의는 아닙니다. 서서 즐기는 스탠딩 파티가 아니라면 와인잔을 계속해서 손에 들고 마시는 것이 아니기 때문에 굳이 그럴 필요까지는 없다는 말입니다.

받침 부분 잡기

다리 부분 잡기

볼 부분 잡기

정서와 상황에 맞는 예의가 진정한 예의!

한국의 예의범절에 따르면, 윗사람이나 상사가 술을 따라줄 때 두 손으로 잔을 받는 것이 예의입니다. 와인 역시 두 손으로 잔을 받아야 할까요? 기본적으로는 그렇게 하지 않는 것이 좋습니다. 좌중의 누군가가 내게 와인을 따라줄 때는 잔을 테이블 위에 놓아둔 상태로 받는 것이 좋습니다. 그분이 비록 상사나 웃어른일지라도 말이지요. 와인잔을 들면 따라주는 사람 역시 와인병을 들어올려야 하기 때문에 불편한 자세가 되어버리고, 자칫 병에 부딪쳐 잔이 깨질 위험도 있기 때문입니다. 그래도 그냥 받기 불편하고 멋쩍다면 잔받침 위에 한쪽 손끝을 가볍게 올려두는 정도로도 충분합니다. 상대방이 와인을 다 따르고 나면 고마움의 표시로 가볍게 목례를 해도 되고요.

하지만 격식에 어긋나지 않는다 해도 예의에 엄격한 우리 문화에서는 도의

적당한 예의를 표시할 때

가 아닌 경우가 종종 있습니다. 서양에서는 와인을 한 손으로 받는 게 매너여도 우리나라에서는 적절치 않은 경우가 생기게 마련이지요, 꼭 두 손으로 받아야 할 상황이라면 한 손으로 글라스 다리 부분을 잡고 다른 한 손은 글라스 밑바닥을 잡거나, 양손으로 볼의 밑부분을 가볍게 감싸잡는 것이 좋습니다.

02

와인은 소주가 아니다!
원샷은 금물!

향기로운 음료, 와인!

맥주와 소주를 섞어 만든 폭탄주를 한 사람씩 돌아가며 연이어 마시는 일명 파도타기는 한국에서만 볼 수 있는 독특한 음주문화지요. 이때 잔에 채워진 술은 특별한 경우가 아니면 원샷하는 게 매너(?)입니다. 굳이 파도타기가 아니더라도 한국 사람들은 주종(酒種)에 상관없이 술잔을 한번에 털어넣는 경우가 많고, 특히 상사나 윗분의 권유로 잔을 받을 때는 한번에 마시는 것을 예의라고 알고 있습니다.

하지만 와인은 단순한 술이라기보다는 향기로운 음료라고 할 수 있으므로 되도록 원샷은 삼가는 것이 좋습니다. '녹넘김'만으로 와인을 즐기기에는 그 고유한 맛과 향이 좀 아깝지 않을까요? 와인은 기분 좋은 대화와 함께 천천히 음미하는 것이 미덕이고 즐거움입니다.

물처럼 벌컥벌컥 들이켜거나, 마시고 나서 '캬' 하고 소리내는 것 그리고 입 안에 음식물을 가득 넣고 와인을 마시는 것도 삼가야 할 행동입니다. 또 음식과 함께 곁들이는 술인 만큼 와인을 마시기 전에는 입 주변의 기름기 등을 냅킨으로 살짝 닦아낸 후 마시는 것이 좋습니다. 투명한 와인잔이 지저분해져 미관상 보기 안 좋기 때문입니다.

음식과의 조화를 즐기는 술, 와인!

술은 독해야 제맛, 취해야 제멋이라고요? 만약 취하기 위해서라면 와인보다는 다른 주류를 선택하는 것이 좋습니다. 기본적으로 와인은 음식과 함께 곁들여 맛과 향을 음미하며 천천히 조금씩 마시는 술이지 결코 취하기 위해 마시는 술이 아닙니다.

소주나 위스키에 비해 상대적으로 알코올 도수가 낮은 와인을 얕잡아보는 사람들도 간혹 있습니다. 그도 그럴 것이 일반 레드와인의 경우 알코올 도수가 아무리 높아도 14도 내외입니다. 그렇지만 와인은 알코올 도수가 낮아 마셔도 잘 취하지 않는다고 생각하는 것은 오산입니다. 오히려 풍부한 향과 달콤한 여운으로 술술 잘 넘어가서 과음하기 십상이지요. 특히 모스카토 품종*

◆ 이탈리아어로는 모스카토, 불어로는 뮈스카(Muscat)라고 합니다.

으로 만든 화이트와인은 알코올 도수가 5도 내외로 맥주와 비슷하지만 달콤한 맛으로 인해 알코올 도수가 잘 느껴지지 않는 경우가 많습니다. 맛있다고 홀짝홀짝 마시다가는 어느 순간 취하게 된다는 것을 잊지 마세요.

와인은 언제 따라야 하나?

첨잔 해도 괜찮은 와인

나라마다 문화가 다르듯이 술자리 예절도 차이가 납니다. 일례로, 우리나라에서는 첨잔(添盞)을 하지 않는 것이 예의입니다. 첨잔은 제사상에 술을 올릴 때나 하는 것이라는 인식이 있기 때문이지요. 그렇다면 와인은 어떨까요?

와인을 받을 땐 내 글라스에 와인이 조금 남아 있다고 해서 굳이 글라스를 다 비울 필요는 없습니다. 글라스에 와인이 남아 있는 상태 그대로 와인을 받아도 예의에 어긋나는 것이 아니니까요. 와인 매너에서는 따라주는 사람도, 받는 사람도, 이른바 첨잔에 대해 신경 쓸 필요가 전혀 없는 것이죠.

와인을 따를 때도 순서가 있습니다. 연장자나 상사 우선인데요. 그중에서도 여성에게 우선적으로 따라주는 것이 올바른 매너입니다. 접대를 위한 자리라면 당연히 접대받는 쪽을 먼저 따라주어야겠지요.

3분의 1을 가늠하기 어렵다면 볼의
가장 넓은 부분까지 따르세요.

그만 마시고 싶다면 와인잔을 비우지 말아라!

와인을 따를 때는 보통 잔의 3분의 1 정도, 볼의 가장
넓은 부분까지 따릅니다. 그리고 와인을 마시다가 와인
을 더 이상 받고 싶지 않을 땐 글라스를 다 비우지 말고
소량 혹은 4분의 1 정도 남겨두고, 누군가 내 잔에 첨잔
할 때 글라스 입구에 살짝 손가락을 가져다대 사양한다
는 표시를 하면 됩니다.

그리고 술을 못 마신다고 해서 소주잔처럼 와인글라
스를 엎어놓는 사람도 있는데, 이는 절대 해서는 안 되는
행동입니다.

04

지나치게 와인 마니아 티내는 것도 비매너!

비즈니스의 매개체, 와인!

'비즈니스=술접대'라는 등식이 성립되었던 과거에는 위스키가 중요한 비즈니스 수단이자 연결고리 역할을 했습니다. 하지만 이제는 독한 위스키보다 향기로운 와인이 더 효과적인 비즈니스 매개체로 대접을 받고 있습니다. 과도한 접대문화가 점차 사라지고 식사를 동반한 점잖은 협상이 자리를 잡아감에 따라 자연스럽게 와인을 마시는 경우가 많아지고 있는 것이겠지요.

와인은 딱딱한 비즈니스 자리에서 대화가 좀더 부드럽게 이어지도록 하는 윤활제 역할을 합니다. 특히 외국인들과의 비즈니스에서는 문화의 차이를 효과적으로 상쇄시켜 주는 역할을 하게 됩니다.

와인에 대한 에피소드나 주문한 와인과 관련된 이야기를 하면서 대화를 이끌어가면 비즈니스 분위기도 한결 부드러워지겠죠? 이렇게 와인과 비즈니스를 매칭하려면 기본적인 매너는 숙지하고 있는 게 좋습니다. 우선, 원샷은 삼

◆ 스월링(Swirling)

와인을 글라스에 따른 후 공기와 섞어 향을 발산시키기 위해 잔을 둥글게 돌려주는 행동을 말합니다. 스월링은 소용돌이를 의미하죠. 스월링을 하면 병에 갇혀 있던 와인이 공기와 접촉하여 잠자고 있던 향이 발산하게 되는데, 공기와 접촉해서 올라오는 와인의 향을 아로마(Aroma)라고 합니다.

◆ 테이스팅(Tasting)

와인의 색과 맛, 향기를 확인하고 음미하는 일종의 '맛보기'입니다. 와인의 품질과 변질 여부를 가늠하기 위해 와인을 시음하기도 하지요.

가고 대화와 분위기를 즐기면서 천천히 음미하듯 마셔야 합니다. 스월링*이나 향을 맡는 동작을 자주 하는 것도 예의에 어긋날 수 있습니다. 자칫 와인 테이스팅*에만 집중하는 듯한 인상을 주는 것도 피해야 할 일입니다. 비즈니스 만남에서 중요한 것은 와인이 아니라 와인을 함께 마시는 사람이니까요.

비즈니스 자리에서 과도한 테이스팅은 금지!

와인 테이스팅과 관련해서도 갖가지 주장이 있습니다. 하지만 그 역시 분위기와 모임의 특성에 따라 적당히 하면 됩니다. 가족이나 친구들과 편하게 마시는 자리가 아닌 비즈니스 모임이나 공식적인 모임이라면 테이스팅은 반드시 삼가야 할 행동 중 하나입니다. 테이스팅은 말 그대로 와인을 '평가'하는 것이죠. 예의를 갖춰야 하는 중요한 자리에서 코르크를 한참 동안 뚫어져라 쳐다보거나, 격한 스월링으로 향을 맡고, 후루룩 빨아들여 입 안에서 굴리는 행위는 커다란 실례일 수밖에 없습니다.

와인의 향과 맛을 좋게 하기 위해 스월링은 와인을 글라스에 따르고 처음 마실 때 가볍게 서너 번 돌려주는 정도가 좋습니다. 그 이후에도 글라스를 돌리는 건 불필요한 행동이자 상대방의 주의를 흐트러뜨릴 수 있으므로 삼가야 합니다.

와인은 와인일 뿐입니다. 말 그대로 와인은 모임을 즐겁게 하는 도구이자 식사를 더욱 풍요롭게 하는 매개체이지 그 이상의 것은 아닙니다. 와인을 평가하는 자리가 아니라면 굳이 테이스팅에 집중할 필요가 없습니다. 와인의 맛이나 매너에만 집착하지 말고 최대한 편안하고 즐겁게 마시는 것이 와인을 제대로 즐기는 방법입니다.

격한 스월링은 비매너

05

와인잔,
잘못 건배하면 민폐!

와인잔의 볼을 가볍게 터치한다는 느낌으로!

술자리에서 빼놓을 수 없는 것이 바로 잔을 부딪치며 건강이나 행복을 비는 건배 문화입니다. 건배를 하다 와인잔을 깨트린 경험이 있다고요? 좋은 글라스일수록 크리스털 소재로 되어 있고 두께도 매우 얇기 때문에 주의를 해야

건배를 할 때는 글라스 볼만 가볍게

합니다. 기분 내려고 상대방 잔과 힘껏 부딪치면 '쨍!' 하고 깨질 수 있는 것이지요.

와인잔으로 건배할 때에는 글라스 볼을 가볍게 터치한다는 느낌으로 해야 합니다. 글라스 볼의 가운데 볼록하게 나온 부분을 상대방 잔의 그곳과 살짝 터치하듯 부딪치는 것

이 좋지요. 그래야 부딪칠 때 청량한 소리가 울려퍼지며 잘 깨지지도 않습니다.

반대로 글라스 위쪽 부분은 가급적 터치 금물입니다. 글라스 윗부분(Lip)은 매우 예민한 부분이라 쉽게 깨지는 경향이 있습니다. 실제로 건배할 때 볼이 아닌 윗부분에 부딪쳐 깨지는 경우가 가장 많지요.

이 부분은 글라스를 닦을 때도 주의가 필요합니다.

그대의 눈동자에 건배를!

그리고 건배를 하기 위해 반드시 잔끼리 부딪칠 필요는 없습니다. 상대방의 눈을 바라보며 잔을 눈높이 정도로 들어주면 되지요. 특히 여러 사람이 모여 자리가 멀리 떨어져 있다면 이런 방식으로 건배를 하는 것이 이상적입니다.

와인 고르기부터 보관법,
레이블 해독법 대공개!

—06—

색깔로 구분하는
3가지 와인

와인을 사러 가기에 앞서 기본적인 와인 종류는 알아야겠죠? 워낙 다양한 와인의 맛과 종류에 위압감을 느껴 와인 고르기가 쉽지 않다고 하는 초보자들이 많습니다. 가장 먼저 눈에 보이는 색깔로 와인을 구분해 볼까요?

핏빛의 치명적 중독 레드와인

레드와인

와인 하면 제일 먼저 떠오르는 것이 레드와인(Red Wine)입니다. 레드와인은 검붉은 또는 짙은 자줏빛을 띠며, 레드와인 전용 품종인 적포도를 껍질째 발효시켜 만듭니다. 당연히 씨도 들어가겠죠.

붉은 껍질에 포함된 안토시아닌* 색소로 인해 붉은색을 띠며, 껍질과 씨에 들어 있는 타닌이 레드와인 특유의 떫은맛을 내는 주요인입니다. 가끔은 청포도와 같은 화이트와인 전용 품종의 알맹이를 소량 섞어서 만들기도 합니다.

◆ 안토시아닌

붉은 포도껍질에서 추출되는 색소로, 와인의 붉은색을 내는 주요한 성분입니다. 안토시아닌 색소는 항암작용, 노화방지, 심장병 예방에 소화촉진까지 돕는다고 합니다.

상큼함이 매력적인 화이트와인

화이트와인(White Wine)은 옅은 노란색부터 진하게는 황금색을 띱니다. 주로 청포도 품종을 이용해서 만드는데, 포도껍질과 씨를 제거하고 알맹이로만 만듭니다. 드물게 적포도를 섞기도 하는데, 이때에도 알맹이만 사용하지요. 껍질과 씨를 제거하고 순수한 과육만 가지고 만들기 때문에 떫은맛이 거의 없고 상큼하면서 감귤류, 사과, 파인애플과 같은 열대과일의 풍부한 맛을 느낄 수 있습니다.

화이트와인

이름마저 예쁜 로제와인

이름도 참 예쁜 로제와인(Rose Wine)은 핑크색에서 연어 살색 또는 붉은 양파 색을 띠는 핑크빛 와인입니다. 포도껍질과 씨, 알맹이를 모두 넣고 발효시키다 붉은색이 어느 정도 우러나면 껍질과 씨를 제거하거나, 알맹이만으로 화이트와인을 만든 후 레드와인을 첨가하는 방식으로 만듭니다. 아름다운 빛깔로 인해 연인들의 와인으로 불리기도 하지요.

로제와인

샴페인도 와인이다!
스파클링 와인

발효를 끝낸 와인에 별도로 당분을 첨가해 2차 발효를 시키면서 탄산가스가 생기도록 한 것이 스파클링 와인(Sparkling Wine)입니다. 톡톡 터지는 버블 효과 때문에 축하하는 자리에 어김없이 등장하는 샴페인(Champagne)도 스파클링 와인의 한 종류이지요.

특별대우 받는 스파클링 와인의 대표주자 '샴페인'

우리는 흔히 샴페인을 일반명사로 쓰지만, 원래 샴페인은 프랑스 동부 샹파뉴 지방에서 생산되는 스파클링(발포성) 와인을 뜻하는 고유명사입니다. 원래는 샹파뉴라고 발음하는 것이 맞지만, 영어식으로 샴페인이라고 굳어졌지요. 정식 명칭은 '뱅 드 샹파뉴'(Vin de Champagne)로, 샹파뉴 지방이 아닌 다른 지역에서 생산된 것은 샴페인이라는 명칭을 사용할 수 없답니다. 샹파뉴 이외의 지역에서 생산된 발포성 와인은 샴페인이 아니라 그냥 '스파클링 와인'으로 지칭하는 것이 맞습니다.

프랑스 와인 생산지의 최북단에 위치한 샹파뉴 지역은 프랑스 최대 최고의 스파클링 와인이 만들어지는 곳으로 와이너리*에 따라 이름이 다양하지만, 그중에서도 동* 페리뇽 수도사의 이름을 딴 '동 페리뇽'(Dom Perignon)이 프랑스를 대표하는 최고의 스파클링 와인입니다.

◆ 와이너리(Winery)
와인을 만드는 양조장을 말합니다. 프랑스어로는 샤토(Château) 혹은 도멘(Domaine)이라고 합니다.

◆ 동(Dom)
'동'이라는 호칭은 중세시대 베네딕토 수도사들을 존칭하는 단어였답니다.

샴페인의 대명사, 동 페리뇽은 사람 이름!

17세기의 샹파뉴 지방은 원래 부르고뉴와 더불어 프랑스의 왕족과 귀족들이 마시던 고급 스틸 와인*의 산지였습니다.

◆ 스틸 와인(Still Wine)
스파클링 와인과 반대되는 말로 기포가 없는, 발포성이 아닌 일반 와인을 칭합니다.

하지만 이 스틸 와인에 큰 문제가 발생하게 되죠. 바로 기포(Bubble)가 생겨 발효 중인 와인이 들어 있던 병이 종종 깨지는 현상이 생긴 것입니다. 다른 지역에 비해 다소 추운 샹파뉴 지역에서는 겨울이면 와인 발효가 중단됐다가 날씨가 포근해지는 봄에 재차 발효가 진행되면서 탄산가스가 발생하곤 했는데요. 이렇게 생겨난 탄산가스가 포화상태에 이르면서 병을 깨뜨렸던 것이지요. 처음엔 이를 '악마의 술'이라 부르며 기피하기도 했답니다.

이 골치 아픈(?) 기포를 없애고 훌륭한 스틸 와인을 완성하라는 임무를 맡고 샹파뉴 지방의 오빌레(Hautvillers)

모에 샹동 본사 앞에 세워져 있는 '샴페인의 아버지' 동 페리뇽 수도사의 동상

수도원의 관리자로 파견된 수도사가 바로 동 페리뇽이었습니다. 지금은 샴페인의 꽃과 같은 기포가 당시에는 기피의 대상이었다니 참 아이러니한 일이지요. 하지만 그는 기포에 대해 연구하다가 오히려 스파클링 와인의 매력에 빠져들어 질 높은 샴페인을 생산하는 데 공헌하게 됩니다.

동 페리뇽은 압착 방법을 개선해 적포도 품종으로 깨끗한 화이트와인을 만드는 방법을 개발하고 기포를 유지시키기 위한 최상의 병입 시기 등을 결정짓는 등 샴페인의 발전에 다양한 업적을 남겼습니다. 또한 탄산가스의 압력을 견딜 수 있는 영국산 유리병(English Bottle)을 사용한 것도, 병마개가 튀어 달아나고 와인이 솟구쳐 오르는 것을 막기 위해 스페인산 코르크 마개를 사용한 것도 바로 동 페리뇽이었습니다.

달콤떨떠름한 와인의 맛

와인은 기본적으로 단맛, 신맛, 쓴맛, 짠맛, 떫은맛을 다 가지고 있습니다. 포도 품종, 날씨, 생산지역 같은 자연적인 조건과 양조방식, 숙성기간에 따른 인위적인 조건 그리고 여러 가지 맛들을 어떻게 배합하는가에 따라 와인의 고유한 풍미가 결정되는 것이죠.

가장 간단한 분류 — 달다 vs. 달지 않다

와인을 맛으로 분류하는 가장 기본적인 방법은 단맛이 나는 와인과 그렇지 않은 와인으로 나누는 것입니다. 보통 단맛이 전혀 없으면 드라이(Dry)하다고 표현하고, 단맛이 있으면 스위트(Sweet)하다고 표현합니다.

와인 맛을 좀더 세분화하면 드라이, 세미(미디엄) 드라이, 세미(미디엄) 스위트, 스위트의 네 가지로 나눌 수 있습니다.

당도에 따른 와인 분류

드라이 와인	세미 드라이 와인	세미 스위트 와인	스위트 와인
1~9g/l	10~18g/l	19~45g/l	45g/l 이상
포도즙을 발효하는 과정에서 포도당이 모두 발효되어 단맛이 거의 없는 와인으로, 주로 식전에 마시거나 식사 중에 음식과 함께 곁들이기 좋은 와인입니다.	드라이하지만 약간의 잔당이 남아 있어 드라이함이 강하지 않은 와인을 말합니다.	와인 속에 당 성분이 남아 있어 단맛이 있지만 스위트 와인에 비해 잔당이 많지 않은 와인을 말합니다.	포도당이 많이 남아 있도록 발효시켜 단맛이 많이 납니다. 식후에 디저트와 함께 곁들이기 좋은 와인이죠.

출처 : EU Regulation, 2002

와인의 떫은맛은 타닌 때문!

일반적으로 붉은색을 띠는 레드와인은 드라이한 맛을 지닌 경우가 많습니다. 레드와인의 떫은맛은 포도껍질과 씨에 많이 함유된 타닌 성분 때문입니다. 타닌은 레드와인의 전체적인 맛을 결정짓는 중요한 역할을 하지요. 또한 천연방부제 역할을 해 와인의 산화를 막고 숙성을 돕습니다. 우리 체내에서는 항산화 작용을 한다고 알려져 있지요.

그러나 아무리 건강에 좋다 하더라도 와인에 익숙하지 않은 초보자들에게 레드와인의 떫은맛은 좀 부담스러운 것이 사실입니다. 타닌이 강한 레드와인을 한 모금 입에 대보고는 말 그대로 '땡감 씹은' 표정이 되는 분들도 종종 있으니까요.

시작은 저렴하면서도 달콤한 와인으로!

중고급 레드와인일수록 드라이한 맛이 강조되고 떫은맛까지 강해 초보자들이 마시기에는 부담스러울 수 있습니다. 따라서 와인을 처음 접하는 초보자는 드라이한 맛의 와인보다는 타닌이 적은 스위트한 와인으로 시작하는 것이 좋습니다. 리슬링 품종으로 만든 화이트와인이라면 단맛이 풍부하여 초보자들도 쉽게 즐길 수 있습니다. 레드와인이라면 부드러운 타입의 진판델 품종도 좋지요.

잠깐만요

그외 다양한 와인 분류

1. 식사시 용도에 따른 분류

식사를 하면서 와인을 곁들일 때도 용도에 따라 적합한 와인이 따로 있습니다.

- 식전용 와인(Aperitif Wine) : 식사를 하기 전에 에피타이저와 함께 마시는 와인. 입맛을 돋우기 위한 것으로 드라이한 것이 좋습니다. 식사 전에 스위트 와인을 마시는 것은 금물입니다. 단맛으로 인해 이후 나오는 음식의 맛을 제대로 느낄 수 없기 때문이지요.
- 식사중 와인(Table Wine) : 식사를 하면서 메인요리와 함께 마시는 와인입니다. 보통 메인요리가 생선이거나 크림소스를 이용했다면 화이트와인, 육류면 레드와인을 선택합니다.
- 식후용 와인(Dessert Wine) : 식사 후에 디저트와 함께 마시는 와인으로 소화를 돕는 역할을 합니다. 스위트 와인이 제격이죠.

2. 숙성 정도에 따른 분류

- 영 와인(Young Wine) : 생산된 지 1~2년 된 어린 와인.
- 에이지드 또는 올드 와인(Aged 또는 Old Wine) : 생산된 지 5~10년 또는 그 이상된 와인. 오랜 숙성기간을 거친 와인.

09

입 안에서 느끼는 와인의 무게,
바디감!

와인에도 체급이 있다!

와인도 사람처럼 몸무게를 가지고 있는데, 이는 포도 품종이나 재배지역 등 자연적인 조건과 양조방법같이 사람이 개입한 인위적인 조건들에 따라 달라집니다. 일반적으로 와인을 마실 때 입 안에서 느껴지는 무게감의 정도에 따라 기본적으로 라이트바디, 미디엄바디, 풀바디의 3체급으로 나뉩니다. '무게감'(Bodied)이란 말이 다소 생소할 텐데, 물을 입에 담았을 때와 우유를 입에 담았을 때의 느낌을 떠올려보면 쉽게 이해가 갈 것입니다. 우유가 물에 비해 무게감이 더 느껴지지요?

와인의 무게를 표현하는 3가지 분류 ― 라이트바디, 미디엄바디, 풀바디

라이트바디(Light Bodied) 와인은 말 그대로 가볍고 경쾌한 맛을 느낄 수 있는 와인입니다. 영 와인의 대명사 '보졸레 누보'가 대표적인 라이트바디 와인이라고 할 수 있으며, 대부분의 화이트와인이 이에 속합니다.

미디엄바디(Medium Bodied) 와인은 딱히 무겁다고 할 수는 없지만, 질감이 부드럽고 입 안에서 적당한 무게감이 느껴지는 와인을 말합니다. 대체로 중저가 레드와인들 중에 미디엄바디가 많지만, 피노 누아 품종의 부르고뉴 와인이나 스위트 화이트와인 역시 대표적인 미디엄바디 와인이라 할 수 있지요.

풀바디(Full Bodied) 와인은 입 안을 무겁게 채워주는 듯한 느낌을 주는 와인입니다. 화려하면서 우아한 맛과 향, 높은 알코올 도수, 풍부한 타닌을 제대로 즐길 수 있는 무겁고 진한 맛의 와인으로 오래 숙성시킨 경우가 많으며 주로 중고가 레드와인이 이에 속합니다.

초보자라면 무게감이 가벼운 것부터!

어떤 바디감의 와인을 선택하느냐는 어디까지나 개인의 취향 문제입니다. 그날의 기분에 따라 달라질 수도 있고요. 하지만 와인 초보자라면 화이트와인 같은 라이트바디의 와인부터 시작해 점차적으로 풀바디급 와인으로 옮겨가는 것도 좋습니다. 풀바디 와인의 경우 자칫 혀에 닿는 묵직한 타닌과 알코올 등의 무게감 때문에 거부감이 생길 수도 있으니까요.

또한 와인 파티나 여러 종류의 와인이 구비된 모임에서 처음부터 풀바디 와인을 마시는 것 역시 좋지 않습니다. 처음부터 풀바디 와인을 마시면 강한 맛으로 인해 다른 와인의 맛을 제대로 즐길 수 없기 때문입니다.

매년 11월이면 맛볼 수 있는 햇와인! 보졸레 누보

보졸레 누보는 프랑스 부르고뉴의 보졸레 지역에서 그해 수확한 포도로 만든 와인입니다.
매년 11월 셋째주 목요일 자정을 기해 전세계로 공급하는 햇와인(?)이지요. 가메(Gamay)
라는 한 가지 품종으로만 만들어지며, 과일향과 꽃내음이 풍부하고 타닌이 적어 가볍게 즐
기기에 그만이죠. 신선함이 생명이므로 3개월 이내에 마시는 것이 가장 좋으며, 6개월을
넘겼다면 요리용으로 사용하세요.

보통 10~12도 정도의 약간 차가운 상태로 마시는데, 치즈, 연어, 닭고기, 햄버거, 중국요
리, 파스타 등 세계 각지의 음식은 물론 한식과도 잘 어울린다는 점이 매력 포인트입니다.

매년 11월이면 와인으로 유명한 레스토랑들은 나라와 지역을 불문하고 'Le Beaujolais

Nouveau est arrivé!'(보졸레 누보 입하!)
라는 푯말을 내걸지요. 보졸레 누보 출시
는 전세계 와인 애호가들에게는 일종의 연
례행사이자 축제와 같은 의미를 지닙니다.
한번 생각해 보세요. 11월 셋째주에 맞춰
전세계에 배달하는 게 결코 쉬운 일은 아
니겠죠? 매년 11월이면 보졸레 지역을 중
심으로 오토바이, 열기구, 트럭, 헬리콥터,
제트기까지 온갖 운송수단이 다 동원
되는 전쟁이 벌어진다고 보면 됩니다.

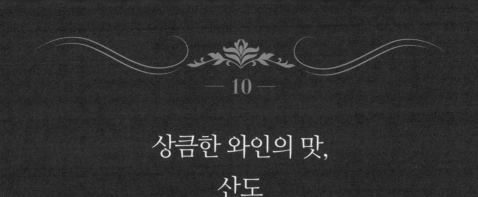

10

상큼한 와인의 맛,
산도

보통 화이트와인은 상큼한 맛을 내는데요. 바로 와인의 산도(酸度) 때문입니다. 와인 속에 내재된 산도 때문에 상큼하고 신선하게, 때로는 시큼한 맛이 강하게 느껴지기도 하지요. 와인 속의 적절한 산도는 신선하고 상쾌한 맛을 내며 와인 맛의 균형감을 형성하는 데 있어 없어서는 안 될 중요한 요소라 할 수 있습니다. 물론 산도가 너무 강해 식초와 같이 시큼한 맛이 강하게 난다면 문제가 있는 와인이라고 할 수 있지요.

상큼하지 않다면 와인도 김 빠진 콜라!

산도가 부족한 와인은 맛이 밍밍하게 느껴져 마치 탄산 없는 미지근한 콜라를 마시는 것 같은 느낌을 줍니다. 좋은 스위트 와인이라면 단맛을 깔끔하게 처리해 주는 산도가 반드시 필요하다는 말이지요. 와인의 산도는 음식과의 궁합을 맞추는 데도 중요하며, 적절한 산도를 가진 와인은 입 안을 상쾌하게 하고 식욕을 돋워줍니다.

와인이 살아 있다는 증거, 산도!

이처럼 와인 맛의 균형감을 잡아주는 역할을 하는 산도는 화이트와인뿐 아니라 레드와인에도 반드시 필요한 요소입니다. 산도는 와인 맛을 신선하게 만드는 것은 물론 부패를 방지하기 때문에 장기숙성을 위해 없어서는 안 될 요소이지요. 산도가 부족하면 맛은 물론 바디감이 형성이 안 되어 장기숙성을 할 수 없습니다. 따라서 와인의 산도는 와인이 살아 숨쉬고 있다는 증표라 할 수 있습니다.

다른 한편으로 와인의 산도는 와인 맛을 변질시키는 원인이 되기도 합니다. 와인이 장시간 공기 중에 노출되어 공기와의 접촉이 과다하게 이루어졌다면 산도가 더욱 왕성해져 식초처럼 강한 신맛으로 변해 버릴 수 있기 때문이지요.

잠깐만요

전문가들이 쓰는 와인 맛 표현

와인을 어려워하는 이유 중 하나가 와인 맛에 대한 지나치게 다양한 표현 때문이기도 합니다. 전문가들이 쓰는 와인 맛 표현을 몇 가지 소개해 볼까요? 자꾸 마시다 보면 무슨 말인지 자연스럽게 알게 되니 억지로 외우려고 하지 마세요.

밸런스가 맞다(Balanced) : 산도, 타닌, 알코올 등 와인의 여러 요소들 중 어느 하나가 다른 요소들을 압도하지 않고 조화롭게 어울릴 때 밸런스가 좋은 와인이라고 표현합니다.

파워풀하다(Powerful) : 풍부한 맛과 향, 강한 타닌과 높은 알코올 등의 요소들이 복합적으로 어우러져 강하고 힘차게 느껴지는 것을 표현하는 말입니다.

쓰다(Bitter) : 와인의 쓴맛은 보통 드라이함과 타닌 혹은 알코올로 인해 느껴집니다. 그러나 쓴맛이 와인의 풍미와 뒷맛을 지배한다면 좋지 않은 와인으로 간주됩니다.

거칠다(Coarse) : 와인 맛을 결정하는 여러 요소들이 조화롭게 어울리지 않고 타닌이 과도하게 느껴지거나 알코올 도수가 높아 입 안에서 까칠까칠한 맛이 강하게 느껴지는 것을 말합니다. 덜 성숙된 영 와인에서 자주 느껴집니다.

복합적이다(Complexity) : 다양한 맛과 향이 조화롭고 복합적으로 느껴지는 것을 말하며, 좋은 의미로 사용합니다.

섬세하다(Delicate) : 향은 풍부하면서 바디감은 그리 무겁지 않은 중간 정도의 바디감을 지닌 와인을 표현하는 말로, 레드와인에서는 피노 누아 품종으로 만든 와인이 이에 속합니다.

오크향이 난다(Oaky) : 오크통에서 숙성시킨 와인에서 풍겨나오는 풍미를 표현하는 말로 토스트(구운 빵), 바닐라, 캐러멜, 스모키, 초콜릿 등의 향이 느껴집니다.

오일리하다(Oily) : '매끄러운 질감'을 표현하는 말로 기름기가 있는 것처럼 유질의 맛이 느껴질 때 사용하지요. 주로 오크통에서 숙성시킨 화이트와인과 산도는 낮고 알코올이 높은 와인에서 느껴집니다.

구조감이 있다(Structured) : 산도, 타닌, 알코올 같은 와인의 요소들이 상호작용으로 만들어내는 관계를 구조감이라고 합니다. 밸런스가 잘 잡힌 와인이라면 구조감이 좋은 와인이라 할 수 있지요.

엘레강스하다(Elegance) : 와인의 풍미가 화려하지만 튀지 않고 부드러우면서 조화롭게 잘 느껴지는 와인을 표현하는 말입니다.

스파이시하다(Spicy) : 시나몬, 정향, 후추, 민트, 페퍼 등과 같이 매콤한 향신료의 풍미가 느껴질 때 표현하는 말입니다.

닫혀 있다(Closed) : 와인의 맛과 아로마가 제대로 감지되지 않을 때 표현하는 말로 오픈 후 바로 마실 경우 느껴집니다. 좋은 와인일수록 굳게 닫혀 있어 디캔팅(25장 참고) 또는 에어레이션(와인을 마시기 전 산소와 접촉시키기 위해 미리 병을 열어두는 것)을 통해 공기와 접촉하는 시간이 많이 필요하답니다.

— 11 —

할인마트, 로드숍, 백화점마다
즐길 수 있는 와인이 다르다?!

레드와인, 화이트와인, 로제와인, 스파클링 와인을 구분하고 맛에 대한 표현 방법을 이해할 수 있다면 이제 와인을 사러 가도 되겠죠?

초보자라면, 시작은 저렴한 대형 마트 와인으로!

그런데 와인은 어디서 사는 것이 현명할까요? 수입사마다 약간씩 차이가 있지만, 동일한 와인을 할인마트와 로드숍* 또는 백화점 등에 똑같이 공급하던 과거와 달리 요즘에는 수입사들이 사업장별로 와인의 종류를 구분해서 공급하는 것이 일반적입니다.

◆ 로드숍
로드사이드 숍(Roadside Shop)의 줄임말로, 백화점이나 호텔 등에 입점해 있지 않고 길거리에 있는 독립 점포를 말합니다.

그러다 보니 로드숍이나 백화점에서 구입해 마신 와인을 메모해 두었다가 싸게 사려는 마음에 할인마트에 가서 찾아보면 없는 경우가 있죠. 반대로 할인마트에서 구입한 와인을 전문 로드숍에서는 찾기 어려운 경우도 많습니다.

보통 저렴한 와인들은 대형 할인마트, 중고가대 와인들은 로드숍이나 백화점 등으로 공급된다고 보면 됩니다.

저렴하면서도 대중적인 대형 할인마트

대형 할인마트의 와인매장은 중고가 와인보다는 저가 와인을 주로 구비해 놓습니다. 정책상 마진율을 낮게 책정하기 때문에 가격이 저렴하죠. 가격이 저렴하다고 해서 품질이 아주 떨어지는 것은 절대 아닙니다. 또한 최근에는 와인을 즐기는 사람들이 많아져서 중고가의 와인, 컬트 와인 등을 구비해놓은 매장도 꽤 있습니다.

대형마트의 와인 코너

다만, 일부 와인은 형광등 같은 조명 아래 병을 세운 채 보관하는 것이 단점입니다. 그 상태로 3개월 이상 보관하면 품질에 문제가 생길 수 있기 때문이죠. 하지만 문제가 생긴 와인은 교체해 주며 백화점이나 로드숍에 비해 상품회전이 빠르다는 장점도 있습니다.

어쨌든 소비자 입장에서는 와인을 고를 때 끓어오른 흔적*이 있는지, 레이블*이 변색되지는 않는지 등 외관을 확인하는 것이 좋습니다.

✦ **끓어오른 흔적**

와인병이 열을 오래 받으면 병 안의 와인이 끓기 시작해서 내용물이 변하기도 합니다. 자세한 내용은 29장을 참고하세요.

✦ **레이블**

와인의 상표와 생산자 이름, 생산지, 포도품질 등급, 포도수확 연도가 상세히 기재되어 있는 와인의 이름표 같은 것입니다. 레이블 보는 법은 15장을 참고하세요.

맞춤 서비스가 가능한 와인 전문 로드숍

로드숍은 와인 초보자에서 마니아층까지 두루 포괄할 수 있는 전세계의 각종 와인을 취급하고 있습니다. 저가부터 고가의 와인, 대중적인 와인부터 부티크 & 컬트 와인* 등의 희소성이 있는 와인도 구비해 놓고 있지요. 그 어느 매장보다도 다양한 와인을 접할 수 있는 것이 가장 큰 장점입니다. 소규모 수입사에서 수입하는 희소성 있는 와인들도 구할 수 있지요.

또한 집이나 직장 근처 등 다양한 곳에 산재해 있어 접근성이 뛰어나고, 혹여 매장에 없더라도 소비자가 원하는 와인을 찾아주는 맞춤 서비스를 제공한다는 점도 큰 차별 요인입니다. 와인 보관에 적합한 온도와 습도를 유지하는 와인 전용 셀러나 쿨러 시스템을 갖추고 있어 보관 상태도 좋으며 구입 시 와인 전문가의 도움을 받을 수 있는 것도 장점이고요.

다만, 상권이 발달한 번화가나 교통이 번잡한 곳에 위치해 있다 보니 마진율이 높을 수밖에 없어 가격이 다소 비싼 것이 단점입니다. 하지만 요즘에는 기간별로 특정 아이템을 할인해주는 경우도 많고 인터넷을 통해 와인의 가격 수준을 쉽게 확인할 수 있어서 과거처럼 터무니없이 바가지를 씌우는 로드숍은 더 이상 존재하지 않습니다.

와인 전문 로드숍

◆ 부티크 & 컬트 와인
부티크 와인과 컬트 와인은 소규모 와이너리에서 한정된 양만을 생산하는 와인입니다. 생산량은 적지만 맛과 품질이 우수해 와인 애호가들의 사랑을 받고 있죠.

잘 알려진 유명 와인이 많은 백화점

대형 할인마트에 비해 중고가대 위주의 와인을 구비해 놓으며 상대적으로 규모가 큰 수입사들의 핵심 브랜드 위주로 구비되어 있습니다. 대중들에게 잘 알려진 프랑스 그랑크뤼* 위주의 상품 구색을 갖추어 놓는 경우도 많지요. 백화점이라는 특수성으로 인해 로드숍 등 일반 다른 와인 판매점들에 비해 같은 와인이라도 다소 높은 가격대를 형성하고 있습니다. 하지만 최근에는 특별 할인 행사를 실시하여 그랑크뤼와 같은 고가의 와인들을 50~70% 이하의 아주 저렴한 가격으로 구매할 수 있기도 합니다. 또한 와인 전문 판매 사원들의 도움으로 상황별로 적합한 와인을 추천받을 수 있다는 장점도 있습니다.

◆ 그랑크뤼(Grand Cru)

프랑스 보르도와 메독 지역의 최고급 와인을 그랑크뤼라고 하며, 다시 1~5등급으로 분류됩니다. '크뤼'(Cru)는 산지 또는 포도원을 뜻하는 프랑스어로, 프랑스의 와인이나 와인 생산지를 분류할 때 사용합니다. 부르고뉴 지역에서는 보르도와 달리 1등급 와인보다 상위에 있는 1%만의 최고급 와인을 의미합니다.

단점은 고객이 원하는 제품을 모두 찾을 수 없다는 점이지요. 작은 수입사들을 포함한 희소성 있는 아이템보다는 백화점 내에 입점해 있는 회사의 제품 위주로 구매가 가능하기 때문입니다.

와인 판매장소 비교

	마진율	진열 및 보관	상품 구성	장점	단점
할인매장	저	양호	중저가	저렴한 가격대	상품의 다양성 부족
와인 전문 로드숍	중	양호/우수	저가~고가	• 상품의 다양성 • 고객의 요구에 1:1 맞춤서비스	매장마다 서로 다른 상품 구색
백화점	고	우수	중고가	• 잘 알려진 브랜드 와인 구매가 편리 • 전문 판매원의 친절한 서비스	• 다양성 부족 • 가격이 비쌈 • 입점된 회사 제품만 구입 가능

어디에 가면 와인을 싸게 살 수 있을까?

와인을 저렴하게 살 수 있는 핵심 포인트를 알아보겠습니다.

첫째, 백화점이나 마트에서 정기적으로 실시하는 할인행사를 적극 활용하세요. '창고 대방출' 식으로 진행되는 대규모 할인행사는 할인폭이 크고 물량이 많아 매력적이지요. 특히 단종 상품이나 불량 레이블 상품은 매우 큰 폭으로 할인을 합니다. 하지만 인기품목은 일찌감치 품절되는 경우가 많으니 서두르셔야 합니다. 또한 이러한 행사 때에 와인을 구입하려면 외관을 꼼꼼히 잘 살펴보아야 합니다. 와인병 입구를 막고 있는 캡이나 레이블에 와인이 묻어 있는지를 확인해야 하는데, 코르크에 이상이 있거나 와인이 끓어오르면 병 밖으로 와인이 새어나온 흔적이 남게 마련입니다.

둘째, 와인 포털 사이트를 적극 활용하세요. 와인21닷컴, 와인친구닷컴, 와인나라 등 와인 관련 포털 사이트와 와인 관련 인터넷 동호회에 가입하면 수입사, 레스토랑, 와인숍 등에서 정기적·비정기적으로 실시하는 시음행사나 할인행사 등 다양한 정보들을 발빠르게 얻을 수 있습니다. 특히 마니아층이 좋아할 만한 독특한 상품들도 많고 중고가대 와인을 좀더 저렴하게 구입할 수 있는 기회를 잡을 수 있지요.

꼭 세일기간이 아니더라도 수입사별로 비정기적으로 특정 와인을 싸게 판매하는 경우도 있으니, 매장을 찾았을 때 "지금 특가로 판매되는 와인 있나요"라며 확인하는 것도 좋습니다. 또한 명절 때에는 와인과 각종 와인 액세서리 등이 세트로 구성돼 좀더 저렴하게 구입할 수 있으므로 눈여겨보면 좋습니다.

와인병 밑은 왜 움푹 패여 있을까?

와인병 바닥 밑에 움푹 들어간 부분을 펀트(Punt)라고 합니다. 정확히 와인병이 왜 이렇게 만들어졌는지에 대한 공식 기록은 없지만 유리 성형 과정에서 병을 안정감 있게 세우기 위해 만들어진 것이 시초라 할 수 있습니다.

펀트가 여러모로 유용한 면이 있는 것은 사실입니다. 먼저 와인 침전물을 모으는 역할을 해 와인을 따를 때 불순물이 함께 흘러나오는 것을 막는 효과가 있지요. 또한 펀트가 있어 좁고 긴 와인병을 안정감 있게 세울 수 있고 테이블에 스크래치도 덜 나며 엄지손가락을 끼고 와인을 따를 때도 유용하게 활용할 수 있습니다. 좋은 와인일수록 이 펀트의 깊이가 깊다는 주장도 있습니다. 실제로 비싼 와인병들이 깊은 펀트를 가지고 있는 경우가 많습니다만 반대의 경우도 많기 때문에 펀트 깊이가 와인 품질을 가늠하는 기준이라 볼 수는 없습니다. 다만 펀트가 깊을 경우 같은 용량의 병에 비해 다소 병이 커 보이는 것이 사실입니다.

또한 펀트가 깊을수록 내부 표면적이 넓어져 좀 더 강한 압력을 견딜 수 있게 되므로 스파클링 와인에도 많이 사용됩니다. 펀트가 깊을 경우 병 가격이 비싸지고 외형적으로 크게 보이는 것은 사실이나 고가처럼 보이기 위해 펀트만 깊은 병을 사용하는 경우도 있으니 유의해야겠지요.

12

이럴 때는 이런 와인!
T.P.O.에 맞는 와인 고르기

와인이 있는 곳에는 슬픔과 걱정이 없다고 했습니다. 와인 한잔의 마법이 가족, 친구, 연인, 직장동료 등 소중한 사람들과 함께 하는 시간을 더욱 값지고 아름답게 만들어줄 수 있죠. 하지만 막상 때와 장소, 구성원의 특성에 맞는 와인을 선택하는 것이 쉽지는 않습니다. 여름휴가, 크리스마스, 데이트나 가족모임 등엔 어떤 와인을 가지고 가야 할까요? T.P.O.(Time, Place, Occasion), 즉 때와 장소, 상황에 맞는 와인 고르는 법을 알아보겠습니다.

데이트에는 달콤한 사랑의 와인, 스위트 와인을!

사랑에 빠진 연인들을 위한 와인이라면 로맨틱한 분위기에 어울리는 스위트 와인이 제격이죠. 특히 모스카토 품종으로 만든 약발포성 화이트와인 중 하나인 모스카토 다스티는 알코올 도수가 낮고 살포시 터지는 부드러운 기포, 풍부한 단맛의 조화로 연인들에게 사랑받는 와인입니다.

차가운 와인을 즐기자, 여름휴가!

친구 또는 가족과 함께 떠나는 여행은 상상만 해도 즐거움이 가득하지요. 편한 사람들과 떠나는 여행에는 스파클링 와인이 제격입니다. 톡톡 튀는 버블과 상쾌한 맛은 여행으로 인한 즐거운 마음을 한층 더 들뜨게 해주지요. 드라이하거나 스위트한 스파클링 모두 잘 어울리니 자신의 입맛에 맞는 와인을 선택하면 됩니다. 탄산의 맛이 싫다면 열대과일의 향이 풍부한 화이트와인을 선택하는 것도 좋습니다. 특히 바닷가로 떠나는 여름휴가라면 생선이나 회 요리와도 환상의 궁합을 보여주니까요. 또한 레드와인보다 차게 마실 수 있어 여름철에 더욱 매력적입니다.

흥을 돋우는 스파클링 와인이 제격인 크리스마스 파티!

파티에는 역시 샴페인과 같은 스파클링 와인이 최고입니다. 분위기를 살려 한껏 흥을 돋우는 것은 물론 어느 음식에도 잘 어울리는 팔방미인이니까요. 스파클링 말고 다른 와인을 준비하고 싶다면 가볍거나 중간 정도의 바디감을 지닌 과일향이

풍부한 레드와인이 무난합니다. 가벼운 레드와인은 무거운 풀바디 레드와인과 달리 누구나 부담없이 즐길 수 있고, 어떤 파티 음식과도 잘 어울립니다.

집들이에는 화사한 핑크빛의 로제와인을!

새로 시작하는 신혼부부라면 아름다운 핑크빛의 상큼한 로제와인을 준비해보세요. 와인 하나로 테이블 세팅을 화사하게 만들 수 있습니다. 그외 집들이용 와인에는 레드와인이 가장 적절합니다. 레드와인 중에서도 떫은맛이 강하고 무거운 바디감을 지닌 와인보다는 부담없이 즐길 수 있는 가볍거나 미디엄한 바디감을 지닌 와인이 좋고, 고가의 와인보다는 중저가의 와인이 무난합니다.

비즈니스 모임엔 대화를 이끌어갈 스토리가 있는 와인!

프로미스

비즈니스 모임이라면 자칫 딱딱하고 어색해질 수 있습니다. 이럴 때 스토리가 있는 와인을 준비하면 자연스럽게 와인에 대한 이야기를 하면서 분위기를 부드럽게 이끌어갈 수 있답니다. 대표적인 예로, 이탈리아의 안젤로 가야에서 만든 '프로미스'(Promis)라는 와인이 있습니다. 이탈리아어로 '약속'을 뜻하는 '프로미스'는 꿈과 열정을 담아 좋은 품질의 와인을 만들겠다는 안젤로 가야의 약속(Promise)을 의미합니다. 안젤로 가야는 약속을 지켜냈고, 이탈리아 최고의 와이너리로 자리매김했습니다. '프로미스'에 얽힌 이야기를 매개로 자연스럽게 비즈니스 파트너에게 신뢰를 약속하는 메시지를 줄 수 있는 거지요. 이처럼 스토리가 있는 와인을 선택하면 대화의 소재가 풍부해지는 것은 물론이고, 비즈니스 파트너에게 의미 있는 메시지까지 전할 수 있어 더욱 좋습니다.

받는 분의 취향을 잘 알아야 하는 선물용 와인!

와인을 선물할 때에는 받는 분이 선호하는 나라, 포도 품종 등 좋아하는 와인의 스타일을 미리 알아두는 것이 좋습니다. 받는 분의 연령, 성별에 맞게 특별한 스토리가 있는 와인을 선물하는 것도 의미 있지요. 혹은 레이블이나 병 모양이 독특한 와인을 선택하는 것도 좋습니다. 요즘은 레이블에 의사, 변호사, 금융인 등의 그림이 새겨진 것도 있는데, 이런 와인을 직업에 맞춰 선물하는 것도 의미 있겠지요.

더 뱅커

와인을 잘 모르는 분이라면 대중적으로 널리 알려진 와인도 좋습니다. 인기가 있는 만큼 실패할 확률도 적으니까요. 하지만 와인을 즐겨 마시는 사람이라면 부티크 와인 등 희소성 있는 와인을 선택하는 것도 좋겠지요. 아무래도 판단이 안 설 때는 매장 직원의 추천을 받는 것이 가장 좋습니다. 이때 매장 직원에게 받는 분에 대한 설명을 자세히 해줘야 합니다.

13

레드와인은 실온에,
화이트와인은 차갑게!

타닌과 산도, 알코올의 조합이 최적인 온도 찾기!

와인처럼 온도에 민감한 술은 없다고 하지요. 다른 술과 달리 와인은 적정 온도에서 마셔야 맛과 향을 제대로 즐길 수 있는데, 이는 와인 속에 타닌과 산도 그리고 휘발성 알코올이 모두 함유되어 있기 때문입니다.

기본적으로 와인의 향은 온도가 높을수록 풍부해집니다. 이는 와인 속에 알코올을 비롯한 휘발성 성분이 포함되어 있어 높은 온도에서 휘발성이 강하게 작용하기 때문이지요. 반대로 온도가 너무 낮으면 향을 제대로 느낄 수 없는 단점이 있습니다.

이와 반대로 와인의 산도는 온도가 높을수록 감소하는 경향이 있습니다. 그래서 너무 높은 온도에 방치하면 와인의 생동감이 사라지고 밍밍해져 알코올의 맛만 강하게 느껴질 수 있지요. 때문에 스파클링이나 화이트와인처럼 산도가 풍부한 와인은 가급적 차게 해서 마시는 것이 좋습니다.

와인의 타닌은 온도가 높을수록 약해지는 경향이 있으므로, 타닌이 있는 레드와인의 경우 화이트와인에 비해 높은 온도에서 마시는 것이 좋습니다. 반대로 낮은 온도라면 쓴맛과 떫은맛이 강하게 나기 때문에 주의해야 합니다.

와인마다 마시기 좋은 온도가 다르다!

보통 스파클링 와인은 6~8도 내외, 화이트와인은 8~13도 내외, 레드와인은 14~18도 내외가 가장 좋은 맛을 내는 온도라고 할 수 있습니다.

화이트와인은 레드와인에 비해 산도가 풍부하기에 상대적으로 낮은

14~18도	미디엄/ 풀바디 레드와인
12~14도	라이트바디 레드와인
10~13도	풀바디 화이트와인, 로제와인
8~10도	라이트바디 화이트와인
6~8도	스파클링 와인

와인별 마시기 적합한 온도

온도에서 마셔야 신선하면서 섬세한 맛을 즐길 수 있습니다. 반면 레드와인은 다소 높은 온도에서 마셔야 특유의 화려하고 풍부한 아로마(20장 참고)를 제대로 느낄 수 있습니다. 또한 떫고 쓴 맛이 조금 부드러워져 마시기 편한 상태가 되지요. 그래서 레드와인은 마시기 20분 전에 개봉해서 실온에 잠깐 놔뒀다 마시면 더욱 풍부한 맛을 끌어낼 수 있답니다.

스파클링 와인의 경우 가장 낮은 온도에 보관해 차게 마셔야 하는데, 이는 화려한 아로마보다는 생동감 있는 기포와 신선한 산도를 즐기기 위해서입니다.

집에서 와인을 즐길 때 필요한 도구들

와인글라스(Wineglass)

와인의 향과 맛을 제대로 느낄 수 있도록 고안된 와인 전용 잔입니다. 향이 날아가는 것을 막기 위해 입구가 좁아지는 튤립형이 좋으며, 볼(Bowl)은 향을 충분히 모아둘 수 있도록 부피가 큰 것이 좋습니다.

스크류 풀(Screw Pull) 혹은 윙 스크류(Wing Screw)

스크류 풀

가장 흔한 형태로 날개처럼 생긴 부분 때문에 일명 버터플라이 라고도 합니다. 스크류를 돌려 넣으면 양쪽의 윙이 올라가는데, 다 올라간 윙을 아래로 내리면 코르크가 뽑히게 되지요. 지렛대 원리를 이용해서 코르크를 여는 오프너입니다.

소믈리에 나이프(Sommelier Knife)

소믈리에 나이프

가장 폼나게 사용할 수 있는 오프너로, 휴대하기 편하며 소믈리 에들이 가장 많이 사용합니다. 코르크를 열기 전 포일을 잘라내 는 포일 커터(Foil Cutter)가 있어 포일을 제거하고 코르크를 여 는 데 다른 도구가 필요 없습니다.

와인 푸어러(Wine Pourer)

와인 푸어러

흐름 방지 캡이라 불리기도 하는데, 병 입구에 끼워 와인을 따 를 때 흘리는 것을 막기 위해 고안된 도구입니다.

와인 세이버(Wine Saver)

와인 스토퍼

마시고 남은 와인을 보관하기 위해 병 입구를 막는 도구로, 보 통 스토퍼(Stopper)와 진공세이버로 구분합니다. 와인 스토퍼 는 코르크처럼 단순히 병 입구를 막는 데 쓰는 도구입니다. 반 면 진공세이버는 와인병 속의 산소를 제거해 진공상태로 보관 하며 맛과 향의 변질을 최대한 막아줘 스토퍼에 비해 더 오래 보관이 가능합니다.

14

일단 개봉한 와인은
한번에 비우자!

코르크 마개를 여는 순간 원래의 와인이 아니다

와인은 코르크 마개를 여는 순간 산화가 진행되기 때문에 시간이 흐르면 서 고유의 맛과 향을 잃어버릴 수밖에 없습니다. 그래서 일단 개봉한 와인은 최대한 빨리 마시는 게 좋은데, 한번에 마시기 힘들다면 적어도 3일 안에 비 우는 것이 좋습니다.

가끔은 혼자 와인을 마시고 싶은데, 한 병을 다 마시기엔 부담스럽고 남기 자니 보관방법을 몰라 그냥 포기하는 경우가 있다고요? 와인을 다 마시지 못 하고 남겼을 땐 이렇게 보관하면 됩니다.

마시고 남은 와인을 보관할 때 가장 주의해야 할 것이 바로 온도와 산소입 니다. 와인은 온도에 가장 예민하기 때문에 마실 때는 물론 보관할 때도 적정 온도를 지켜주어야 합니다. 보통 12~15도 사이에서 보관하는 것이 가장 좋은 데, 와인 전용 셀러가 있다면 좋겠지만 그렇지 않다면 서늘하고 바람이 잘 통하면서 빛이 들지 않는 어두운 곳에 보관하는 것이 좋습니다. 그리고 2~3일 정도 보관할 거라면 일반 냉장고에 보관하는 것도 나쁘진 않습니다.

산소는 와인에 약이자 독!

와인에 있어 약이 되고 독이 되는 것이 바로 산소입니다. 일정량의 산소는 약이 되지만 그 이상의 산소는 산화작용을 빠르게 진행시켜 와인의 품질에 악영향을 끼치기 때문입니다. 따라서 마시고 남은 와인은 반드시 입구를 막아 산소의 유입을 차단시켜 주어야 합니다.

그 방법으로, 첫째 코르크 마개를 다시 이용하는 방법이 있습니다. 가격 대비 가장 효과적인 방법으로, 손쉽고 비용이 들지 않아 경제적인 방법이지요. 코르크 마개는 열 때와는 반대로, 병 안쪽에 꽂혀 있던 면을 위쪽으로 하여 눌러주면 재사용할 수 있습니다. 단, 코르크의 상태가 좋을 때만 활용하세요.

둘째, 와인 세이버를 이용하는 방법이 있습니다. 와인 스토퍼 내지는 진공 세이버를 사용해 와인병 입구를 막아주는 것이지요. 둘 다 와인병 입구를 막는 도구지만, 장시간 보관하기 위해서는 병 안의 공기를 빼서 진공상태로 만들어주는 진공세이버가 스토퍼보다 월등히 낫습니다. 하지만 이조차도 일시적인 방법일 뿐입니다. 아무리 좋은 세이버라 할지라도 이미 개봉된 상태라면 산소 유입이 진행되어 와인을 빠르게 변질시킬 수 있기 때문입니다. 와인을 최상의 상태로 즐기기 위해서는, 뭐니뭐니해도 개봉 후 한번에 마시는 것이 가장 좋습니다.

와인 세이버

한 병이 부담스럽다면 하프 보틀을!

일반 사이즈(750ml)의 와인 한 병이 부담스럽다면, 하프 보틀(375ml) 또는 그보다 작은 미니사이즈(200ml) 와인을 눈여겨보세요. 과거에는 한정적이었지만, 이제는 레드, 화이트, 스파클링 등 다양한 종류의 미니 와인을 편의점 등에서 쉽게 만나볼 수 있답니다. 미니 와인은 싱글족이나 술을 잘 못하는 이들은 물론이고 와인 애호가들에게도 호응을 얻고 있습니다.

최근에는 마트나 편의점에서 팩와인도 팔고 있습니다. 팩와인은 휴대하기 편해 나들이용으로도 좋습니다.

일반 사이즈 와인(왼쪽)과 하프 보틀 와인(오른쪽)

남은 와인 이렇게 활용하세요!

요즘은 혼술족이 늘어나 와인 한 병을 다 마시지 못하고 남기는 경우가 많습니다. 제대로 보관하지 않으면 산화로 인해 시큼한 맛이 강해져 마시기 힘들 때도 많지요. 이럴 때 그냥 버리지 말고 요리에 적극 활용해보세요.

1. 잡내 제거하기

마시고 남은 레드와인에 육류를 재워 두면 고기의 잡내를 없애고 육질을 부드럽게 해줍니다. 또한 화이트와인은 해산물 요리에 활용하면 비린내를 없애고 풍미를 이끌어 낼 수 있습니다.

2. 소스로 활용하기

오랫동안 몽글몽글 끓이는 음식에 레드와인을 넣으면 잡냄새를 제거해주고 소스의 풍미를 한층 더 좋게 합니다. 또한 레드와인과 발사믹 식초를 함께 넣어 살짝 졸이면 훌륭한 스테이크 소스가 만들어지지요.

3. 와인 식초 만들기

와인과 물, 종초를 2 : 1 : 1의 비율로 섞어 그늘진 곳에서 2개월 정도 보관해두면 훌륭한 핸드메이드 와인 식초가 만들어집니다.

4. 칵테일 만들기

와인으로 만드는 상그리아(Sangria)는 와인에 과일, 탄산수, 주스 등을 넣고 얼음과 함께 시원하게 마시는 와인 칵테일이라 할 수 있습니다. 우리네 화채처럼 더운 여름에 다양한 과일을 넣어서 만들며, 레드나 로제와인을 사용하면 좋겠지요. 단맛이 살짝 나는 스위트 와인을 사용하는 것도 좋습니다.

5. 뱅쇼 만들기

뱅쇼(Vin Chaud)는 '따뜻한 와인'이라는 뜻입니다. 추운 겨울에 남은 레드와인에 오렌지, 사과, 시나몬, 정향, 꿀 등을 넣어 함께 끓이면 몸을 따뜻하게 녹여줄 뱅쇼를 만들 수 있습니다.

15

내겐 너무 어려운 와인 레이블

와인 레이블은 와인의 신상명세서 같은 것으로, 와인 이름, 생산자, 사용한 포도 품종, 생산국가, 생산지역, 생산연도, 알코올 도수 등이 적혀 있습니다. 와인 초보자들은 프랑스어, 이탈리아어 등 낯선 언어로 적힌 와인 레이블을 보고 지레 겁을 먹게 마련이지요. 하지만 몇 가지 기본적인 사항만 알아두면 레이블을 보고 와인을 고르는 데 큰 어려움은 없습니다. 하나씩 살펴볼까요?

프랑스, 이탈리아 와인은 지역명을, 미국, 호주 와인은 포도 품종을

와인에 대한 필수적인 정보를 제공하는 레이블은 언뜻 비슷해 보이지만 나라별로 약간씩 차이가 있습니다. 크게 프랑스, 이탈리아 등의 구세계와 미국, 호주 등의 신세계(자세한 설명은 58장)로 나누어볼 수 있는데, 포도 품종 표시와 원산지 표기에 의한 등급 표시가 다릅니다.

신세계 와인들이 친절하고 알기 쉽게 레이블에 포도 품종을 명시하는 것과 달리 프랑스를 비롯한 구세계 와인들은 테루아*를 중시해 지역이나 포도밭 명칭을 표시합니다. 생산지역과 포도밭, 즉 테루아의 특징을 살리려고 노력하며, A.O.C*와 같은 원산지 통제법을 통해 와인의 품질을 법으로 엄격하게 관리하고 있지요. 레이블에 해당 지역명을 사용하기 위해서는 포도의 생산량부터 양조 방식, 숙성 기간까지 법으로 엄격하게 정해진 규칙을 따라야 합니다. 물론 구세계 와인의 경우 워낙 오랜 전통이 있다 보니 지역명만 알아 봐도 포도 품종은 자연히 알게 되는 경우가 많습니다. 반면 신세계 와인은 보통 와인의 등급 체계가 따로 있지 않고 레이블에 포도 품종을 명시하기 위한 기준이 존재하지요. 예를 들어 호주의 경우 레이블에 포도 품종을 표기하기 위해서는 해당 포도를 85% 이상 사용해야 합니다.

구세계 와인의 관심사가 '어떻게 테루아의 특성을 잘 살리느냐'라면, 신세계 와인의 관심사는 '어떻게 하면 특정 포도 품종의 특성을 잘 살려 시장의 요구에 부응하느냐'인 셈이죠.

잠깐만요

A.O.C(Appellation d'Origine Contrôlée)

프랑스 정부가 와인 생산지별로 와인 양조기준(알코올 함량, 포도 품종, 재배방법 등)을 정해 놓고 이를 관리하기 위해 만든 '원산지 통제 명칭' 중 최상위 등급으로, 레이블에는 'Appellation 원산지명 Contrôlée'로 표시됩니다. A.O.C 아래 등급으로는 V.d.P(일반 소비 와인 등급), V.d.T(테이블 와인) 등급이 있습니다. 예를 들어 'Appellation Medoc Contrôlée'라면, 메독 지역에서 생산된 A.O.C 등급의 와인이라는 뜻입니다. 이탈리아는 D.O.C(Denominazione di Origine Controllata) 등급을 사용합니다.

정리하자면, 구세계 와인들은 원산지 표기법에 의한 등급체계가 있어 레이블만 봐도 어느 등급의 와인인지 손쉽게 알 수 있고, 신세계 와인에서는 어떤 품종을 사용한 와인인지 쉽게 확인할 수 있답니다.

프랑스 와인 레이블 읽기

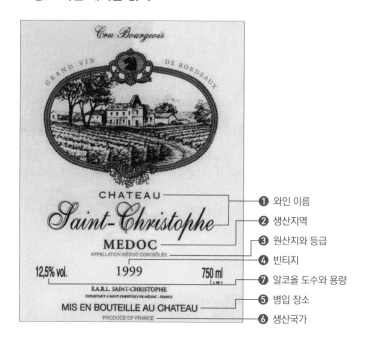

❶ 와인 이름
❷ 생산지역
❸ 원산지와 등급
❹ 빈티지
❼ 알코올 도수와 용량
❺ 병입 장소
❻ 생산국가

❶ 와인 이름을 확인하세요.

이 와인의 이름은 샤토 생 크리스토프(Château Saint-Christophe)입니다. 보통 와인 이름은 레이블 정중앙에 큰 글씨로 적혀 있답니다.

❷ 생산지는 어디인가요?

프랑스 보르도 지방의 메독(Medoc) 지역에서 생산된 와인이군요.

❸ 원산지와 등급을 확인하세요.

'Appellation Medoc Contrôlée'라고 적힌 걸 보니 메독 지역에서 생산된
A.O.C 등급의 와인입니다.

◆ **빈티지(Vintage)**
와인의 재료인 포도가 수확된 해를
말합니다. 유럽은 하루에도 몇 번씩
날씨가 바뀔 정도로 기후가 변화무
쌍해서 해마다 수확되는 포도의 품
질이 천차만별입니다. 그래서 같은
와이너리에서 생산된 동일한 상표
의 와인일지라도 품질에 차이가 있
게 마련입니다. 이러한 이유로 와인
의 빈티지를 살피는 것입니다. 자세
한 내용은 35장을 참고하세요.

◆ **네고시앙(Negociant)**
프랑스에서 와인 또는 와인을 만드
는 원액을 사고파는 중개무역상을
말합니다.

❹ 빈티지*, 즉 생산연도를 확인하세요.

1999년에 생산된 와인입니다.

❺ 병입 장소

병입 장소란 오크통이나 탱크에 담긴 와인을 병에 담
은 장소를 말하는데요. 이 레이블에 적힌 'Mis en
bouteille au Château'는 '샤토, 즉 포도를 생산한 포도밭
에서 직접 병입했다'는 뜻입니다. 뒤에 'au Château' 대
신 'par 와인 생산자(네고시앙*)'이라고 적혀 있으면 와인
중개상인 네고시앙처럼 포도 재배자들한테서 포도나 와
인 원액을 구입해서 병입했다는 것을 의미합니다.

❻ 생산국을 확인하세요.

프랑스 와인이군요. 생산국은 쉽게 찾을 수 있겠죠?

❼ 알코올 도수와 용량도 참고하세요.

알코올 도수 12.5%에 750ml 와인입니다.

미국 와인 레이블 읽기

① 와인 이름
④ 빈티지
❸ 생산지역
❷ 포도 품종
❻ 알코올 도수
❺ 생산자
❼ 생산지와 생산국가

❶ 와인 이름을 확인하세요.

이 와인의 이름은 하이츠 셀러 나파 밸리 카베르네 소비뇽(Heitz Cellar Napa Valley Cabernet Sauvignon)입니다.

❷ 와인의 맛을 결정하는 포도 품종을 확인하세요.

레드와인의 대표적인 품종 중 하나인 카베르네 소비뇽(Cabernet Sauvignon)으로 만들었군요.

❸ 생산지를 확인하세요.

미국의 유명한 와인 산지인 캘리포니아의 나파 밸리(Napa Valley)에서 생산된 와인이군요. 나파 밸리는 최고의 레드와인 생산지 중 하나입니다.

❹ 빈티지, 즉 생산연도를 확인하세요.

1997년에 생산된 와인입니다.

❺ 생산자를 확인하세요.

나파 밸리의 유명 와이너리 중 하나인 하이츠 와인 셀러(Heitz Wine Cellars)에서 생산된 와인입니다.

❻ 알코올 도수도 참고하세요.

알코올 도수는 13.5%입니다.

❼ 생산지와 생산국을 확인하세요.

나파 밸리 내에서도 '세인트 헬레나(ST. Helena)'라는 마을에서 재배되고 수확한 포도로 만든 와인입니다. 'U.S.A'는 생산국인 미국을 뜻합니다.

와인 레이블만 볼 줄 알아도 와인에 대해 절반 이상은 안 거라고 합니다. 언뜻 보기엔 아주 복잡해 보이지만 알고 나니 별것 아니지요? 신세계 와인과 구세계 와인의 특징을 요약하면, 다음 표와 같습니다. 와인 레이블 볼 때 참고 하세요.

구세계 와인과 신세계 와인 비교

구세계	신세계
프랑스, 이탈리아, 스페인, 독일 테루아 중시 원산지 표기를 통한 품질 보증	미국, 호주, 칠레, 남아공 포도 품종 중시 정보 제공을 위한 원산지 표기

— 16 —

복잡한 와인 리스트,
3가지만 알면 OK!

초보자들이 와인바나 레스토랑에서 와인 리스트를 보고 와인을 고르는 것은 상당히 어려운 일입니다. 난해하고도 복잡한 꼬부랑 글씨들이 초보자에게는 암호나 마찬가지니까요. 그러다 보니 애인과 함께 모처럼 분위기를 잡으려고 와인바나 고급 레스토랑에 갔다가 와인 리스트에서부터 어긋나는 경우가 비일비재합니다.

메뉴판의 핵심 키워드 3

하지만 와인 리스트에도 기본적인 형식과 틀은 있답니다! 아무리 복잡해 보여도 기초사항만 숙지한다면 와인 리스트에 대한 공포는 사라질 것입니다. 그럼 한번 살펴볼까요?

여기서는 초보자가 와인 리스트를 이해하는 데 필요한 기본적인 요소들만 소개하겠습니다. 아무리 와인 리스트가 다종다양하다 해도 다음의 일반적인 구성요소만 알아두면 어느 정도 파악이 가능합니다.

1. 와인 종류에 따른 분류

가장 보편적으로 사용하는 리스팅 형식으로, 레드(Red), 화이트(White), 스파클링(Sparkling), 로제(Rose)로 분류하는 방식입니다. 그 안에서 다시 생산지별, 가격대별, 포도 품종별로 세부적인 분류를 합니다.

2. 생산지역에 따른 분류

주로 업장의 규모가 크거나 구비된 와인이 많을 때 사용하는 분류법입니다. 가장 큰 카테고리로 프랑스, 이탈리아, 호주, 미국, 칠레 등 생산국에 따라 구분하는 방법이죠. 그 안에 가격대별로 세분화되어 있어 나라별 선호도에 따라 선택하는 데 많은 도움을 줍니다.

3. 가격대에 따른 분류

와인의 종류와는 상관없이 단순히 가격에 따라 분류해 놓은 것입니다. 저가에서 고가 또는 고가에서 저가 순으로 리스트를 작성하는 방법인데, 업장의 규모가 작거나 구비된 와인의 수가 비교적 적은 곳에서 흔히 사용합니다.

와인 리스트 두려워하지 말자! – 와인 리스트 읽는 방법

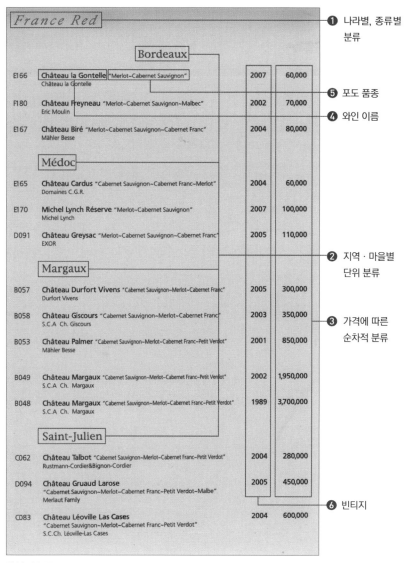

France Red ──────────────────────────── **❶** 나라별, 종류별 분류

Bordeaux

E166	**Château la Gontelle** "Merlot~Cabernet Sauvignon" Château la Gontelle	2007	60,000

────────────── **❺** 포도 품종

F180	**Château Freyneau** "Merlot~Cabernet Sauvignon~Malbec" Eric Moulin	2002	70,000

────────────── **❹** 와인 이름

E167	**Château Biré** "Merlot~Cabernet Sauvignon~Cabernet Franc" Mähler Besse	2004	80,000

Médoc

E165	**Château Cardus** "Cabernet Sauvignon~Cabernet Franc~Merlot" Domaines C.G.R.	2004	60,000
E170	**Michel Lynch Réserve** "Merlot~Cabernet Sauvignon" Michel Lynch	2007	100,000
D091	**Château Greysac** "Merlot~Cabernet Sauvignon~Cabernet Franc" EXOR	2005	110,000

────────────── **❷** 지역 · 마을별 단위 분류

Margaux

B057	**Château Durfort Vivens** "Cabernet Sauvignon~Merlot~Cabernet Franc" Durfort Vivens	2005	300,000
B058	**Château Giscours** "Cabernet Sauvignon~Merlot~Cabernet Franc" S.C.A Ch. Giscours	2003	350,000
B053	**Château Palmer** "Cabernet Sauvignon~Merlot~Cabernet Franc~Petit Verdot" Mähler Besse	2001	850,000
B049	**Château Margaux** "Cabernet Sauvignon~Merlot~Cabernet Franc~Petit Verdot" S.C.A Ch. Margaux	2002	1,950,000
B048	**Château Margaux** "Cabernet Sauvignon~Merlot~Cabernet Franc~Petit Verdot" S.C.A Ch. Margaux	1989	3,700,000

────────────── **❸** 가격에 따른 순차적 분류

Saint-Julien

C062	**Château Talbot** "Cabernet Sauvignon~Merlot~Cabernet Franc~Petit Verdot" Rustmann-Cordier&Bignon-Cordier	2004	280,000
D094	**Château Gruaud Larose** "Cabernet Sauvignon~Merlot~Cabernet Franc~Petit Verdot~Malbe" Merlaut Family	2005	450,000
C083	**Château Léoville Las Cases** "Cabernet Sauvignon~Merlot~Cabernet Franc~Petit Verdot" S.C.Ch. Léoville-Las Cases	2004	600,000

────────────── **❻** 빈티지

와인 리스트

앞 장의 와인 리스트는 생산 지역에 따라 분류가 되어 있습니다. 먼저 ❶ 프랑스의 레드와인 리스트입니다. 다음으로 와인이 만들어진 마을 단위로 분류가 되어 있습니다. ❷ 보르도와 메독, 마고, 생쥘리앵의 네 곳으로 나뉘어 있네요. 각 지역마다 ❸ 낮은 가격부터 높은 가격 순으로 잘 정리해 놓은 것이 보입니다. 와인을 선택할 때 가격 역시 중요한 기준입니다.

짙은 글씨는 ❹ 와인의 이름입니다. 먼저 와인의 이름을 표기하고, 옆에 ❺ 어떤 품종으로 만들었는지를 보여주고 있습니다. 품종에 대해서는 21장에서 자세히 설명하고 있으니 참고하세요. ❻가격 옆에는 와인의 빈티지가 적혀 있습니다.

모든 와인 리스트가 똑같지는 않지만 와인의 종류와 지역, 이름, 가격 정도는 기본으로 적혀 있습니다.

가볍게 한잔 즐기고 싶을 땐 하우스 와인!

가볍게 마실 수 있는 글라스 와인, 하우스 와인

병이 아닌 와인글라스로 한 잔씩 판매하는 것을 '글라스 와인'이라고 합니다. 보통 레스토랑에서만 판매하는 '하우스 와인'과 비슷한 뜻이라고 보면 됩니다.

'하우스 맥주'라고 하면 보통 바(Bar)나 펍(Pub)에서 자가 양조시설을 갖추고 직접 양조해 손님에게 제공하는 맥주를 말합니다. 국내에서도 이제는 하우스 맥주를 많이 접할 수 있게 되었죠. 엄밀하게 말해 하우스 와인도 같은 의미랍니다. 레스토랑에서 소규모 와이너리를 갖추고 직접 만들어 손님에게 제공하는 와인입니다.

하지만 와인을 생산하지 않는 우리나라에서는 어떨까요? 우리나라의 경우에 '하우스 와인'이라는 말은 레스토랑이나 바에서 글라스로 제공하는 와인을 뜻합니다. 그래서 하우스 와인과 글라스 와인이 같은 뜻이 된 것이지요.

사실 지인과 가벼운 대화를 나누거나 간단한 식사를 할 때 와인을 한 병씩 주문하는 것은 부담스럽습니다. 그럴 때 글라스로 한두 잔씩 주문하는 것이 바로 글라스 와인, 하우스 와인입니다.

다양한 종류의 와인을 즐길 수 있는 방법

과거에는 주로 저렴한 와인들이 글라스 와인으로 제공되었습니다. 혹은 오래되어 팔기 곤란해진 재고 와인을 처리하는 땡처리의 한 방편이 되기도 했지요. 그러다 보니 상대적으로 품질이 떨어지는 경우가 많았습니다.

하지만 우리나라에도 와인 애호가들이 점차 늘어나고 와인 소비가 증가하면서 가격 대비 품질이 좋은 와인들이 주로 글라스 와인으로 사용되는 추세입니다. 종류도 다양해져서, 과거에는 한 종류의 와인만 팔았지만 최근에는 저가에서 고가의 와인까지 두루 구비해 놓고 여러 종류의 글라스 와인을 파는 곳이 많아졌습니다.

하우스 와인으로 레스토랑의 수준을 가늠한다

이제 하우스 와인은 웬만한 레스토랑이나 바에서는 항상 구비해 놓는 와인이므로, 어떻게 보면 그 레스토랑이나 바를 대표하는 와인으로 볼 수도 있습니다. 주인이 신중하게 고르고 고른, 저렴하면서도 질 좋은 와인이기 때문에 하우스 와인의 품질이 곧 그 레스토랑의 수준을 보여준다고 할 수도 있습니다.

5잔 이상 마신다면 병으로 주문하는 것이 경제적

와인을 마시는 데도 최소한의 '규모의 경제학'이 적용된다는 점을 염두에 두어야 합니다. 손님 입장에서는 글라스 와인 한두 잔 마시는 게 한 병을 시켜 마시다가 남기는 것보다 경제적이라고 생각하기 쉽죠. 하지만 가랑비에 옷 젖듯이 5~8잔까지 마시다 보면 마침내 배보다 배꼽이 커지게 됩니다. 병으로 마시는 것보다 훨씬 비싸게 마시는 셈이죠.

글라스 와인은 보통 8,000원에서 3만원 이상까지 갑니다. 가격에 따라 약간의 차이는 있겠지만, 평균적으로 글라스 와인 5잔 이상을 마시면 한 병을 마시는 것과 별반 차이가 없습니다. 그 이상을 마실 것 같으면 차라리 병으로 시켜 마시는 편이 훨씬 경제적이라는 걸 알아두세요.

잠깐만요

레스토랑에서 내 와인을 마실 때 지불하는, 코르크 차지

코르크 차지(Cork Charge)란 개인이 소장하고 있던 와인을 일반 레스토랑에 가지고 가서 마실 때 글라스와 서비스를 제공 받는 조건으로 지불하는 돈을 뜻합니다. 보통 와인 가격의 일부나 병당 일정 금액을 지불하지요. 이때 반드시 주의해야 할 점은 레스토랑에서 현재 팔고 있는 와인은 가져가면 안 되며 와인글라스의 지속적인 교체 요청도 자제하는 것이 좋습니다. 그리고 레스토랑 방문 전 반드시 코르크 차지를 지불하고 와인을 마실 수 있는지 확인해야 합니다.

— 18 —

아무것도 모르겠다면
소믈리에를 찾자!

아는 와인이 하나도 없네? 소믈리에에게 119!

일행 중에 와인을 잘 아는 사람이 한 명도 없어 리스트에 적힌 와인 이름조차 어떻게 발음해야 할지 모르겠다면* 차라리 처음부터 소믈리에의 추천을 받아 와인을 선택하는 것이 리스크를 줄이는 방법입니다.

✦ 특정 와인에 대해 묻고 싶은데 리스트에 적힌 와인 이름을 어떻게 발음해야 할지 모를 때는 리스트 번호로 묻는 것도 방법입니다.

소믈리에(Sommelier)란 업장에서 와인을 관리하고 손님들에게 와인을 추천하거나 설명해 주는 역할을 하는 와인 전문가를 말합니다. 영어로는 와인 캡틴(Wine Captain), 와인 웨이터(Wine Waiter)라고도 하는데, 그보다는 소믈리에라는 프랑스어를 많이 사용하지요. 원래는 중세 프랑스 수도원에서 식기나 와인, 빵 등 식음료를 관장하는 수도사의 직함이었다고 합니다.

소믈리에는 흰 와이셔츠와 조끼를 입고, 앞치마를 착용해야 하는 등 복장 규정이 있고, 와인병을 딸 수 있는 소믈리에 나이프 등의 와인툴을 항상 지참하고 있어야 합니다. 각종 와인에 대한 지식에서도 막힘이 없어야겠죠? 그래서 대학에도 소믈리에 학과가 있지요. 물론 자격증도 있고요.

와인 전문가 소믈리에

소믈리에가 '호스트 테이스팅'을 권해도 당황하지 말자

와인 초보자들이 와인바나 레스토랑에서 와인을 주문하고 나서 호스트 테이스팅을 요청받고는 당황해하는 경우가 종종 있습니다. 누가 해야 하는지, 어떻게 해야 하는지 호스트 테이스팅에 대한 상식이 없어서 우왕좌왕하는 거죠.

와인을 주문한 사람이 먼저 맛을 보고 품질에 이상이 없는지 등을 체크하는 것을 호스트 테이스팅(Host Tasting)이라고 합니다. 드문 경우지만, 와인이 변질되었을 수도 있으므로 호스트 테이스팅은 하는 것이 좋습니다.

호스트 테이스팅은 보통 모임의 주선자나 와인을 주문한 사람이 하는 것이 일반적이지만 일행 중 와인에 대해 잘 아는 분이 대신해도 무방합니다.

이때, 테이스팅을 하는 사람이 유의해야 할 점은, 와인의 상태를 판단하는 것일 뿐 와인이 자신의 입맛에 맞는지 안 맞는지를 판단하는 것은 아니라는 깃입니다. 즉, 호스트 테이스팅에서 개인적인 취향은 별개의 문제라는 겁니다.

간혹 자신의 입맛에 맞지 않는다고 다른 와인으로 교환해 달라고 하는 경우가 있는데, 이때는 대개 교환이 허락되지 않습니다. 품질에 이상이 없는데

테이스팅한 사람의 취향에 맞지 않는다는 이유로 와인을 교환해 준다면 레스토랑 입장에서는 오픈한 와인만 버리는 셈이 되기 때문이지요.

주문한 와인이 식초 같은 시큼한 맛, 코르크의 과한 맛을 내는 등 변질된 경우에만 소믈리에의 확인을 거쳐 다른 와인으로 교환해 주는 것이 일반적인 관례입니다.

와인을 주문할 때 소믈리에에게 물어볼 질문 리스트!

소믈리에의 추천을 받을 때는 본인이나 마시는 분들의 취향을 충분히 설명해 주는 것이 좋습니다. 이를테면 '레드' '화이트' '드라이한 맛' '진한 맛' '약간 달콤한 맛' '상큼한 맛' '타닌이 풍부하고 바디감이 있는 맛' 식으로 원하는 타입을 자세히 설명할수록 좋습니다.

또한 요리에 따라 와인이 달라지므로 주문한 메인요리가 '스테이크'인지 '생선'인지 또는 '파스타'인지를 이야기해야 적절한 와인을 추천받을 수 있습니다. 더 자세하게는 인원은 몇 명인지, 몇 병을 시켜야 적당한지, 예산은 어느 정도로 생각하고 있는지 등을 말해 주는 것도 좋은 방법입니다.

자세하게 설명해 줄수록 소믈리에도 손님이 원하는 와인을 더욱 쉽게 찾을 수 있기 때문에 최대한 많은 정보를 말해 주는 것이 좋습니다.

19

제대로 된 와인 골라주는
와인 쇼핑 체크리스트

와인을 사기 위해 매장에 들어선 순간 그동안 알아둔 와인에 대한 기본 지식은 온데간데없이 사라지고, 무엇을 골라야 할지, 어떤 와인이 좋은 와인인지 머릿속이 하얘진 경험이 있을 것입니다. 매장 가득 진열돼 있는 각양각색의 와인이 눈에 들어오면서 엄청난 수에 압도당하기 때문이지요.

하지만 다음 10가지만 확실히 하고 와인을 고른다면 와인을 사는 것이 그다지 어려운 일만은 아니라는 것을 알게 될 것입니다.

1. 가격을 결정하자

제일 먼저 어느 가격대의 와인을 마실지 결정합니다. 와인은 그 종류만큼이나 가격대도 다양합니다. 1만원 미만에서 10만원이 넘는 와인까지 다종다양하지요. 초보자라면 처음부터 무리해서 고가의 와인을 마시는 것보다는 저가의 와인부터 단계적으로 와인의 맛을 알아나가는 편이 좋겠죠?

2. 타입을 결정하자

다음으로 레드와인으로 할지 화이트와인으로 할지 결정합니다. 곁들이는 음식의 종류나 개인의 취향을 고려해 선택해야 합니다. 보통 레드와인은 묵직한 바디감과 타닌이 느껴지고 화이트와인은 상큼한 과일향이 매력적이지요.

3. 맛을 결정하자

레드와인으로 할지 화이트와인으로 할지 정했으면, 이제 달콤한 맛이 나는 와인을 선택할지, 아니면 드라이하면서(단맛이 적고) 타닌감이 있는(떫은맛이 있는) 와인을 선택할지 정합니다. 산도나 바디감의 정도도 고려해야 하지요. 부담없이 달콤한 와인부터 시작해 단계적으로 드라이하면서 타닌감이 있는 와인으로 나아가는 것도 좋습니다.

4. 국가를 결정하자

나라별로 저마다의 특징이 있지만, 레드와인의 경우에는 프랑스나 이탈리아 같은 유럽 와인들이 드라이한 편입니다. 반면 미국이나 칠레, 호주 같은 신세계 국가*들의 와인은 풍미가 진해 드라이한 맛이 상쇄되어 좀더 부드러운 맛이 나는 편입니다. 자세한 국가별 와인 특징은 셋째마당을 참고해 주세요.

◆ 신세계(New World) 와인
오랜 역사와 전통을 자랑하는 유럽 와인(구세계 와인)과 대비되는 개념으로, 미국, 칠레, 호주 등지에서 생산되는 와인을 말합니다. 신세계 와인은 변덕스럽지 않은 기후와 거대 자본의 투입으로 매년 똑같은 맛을 유지하는 것이 특징입니다. 자세한 내용은 58장을 참고하세요.

5. 품종을 결정하자

와인은 원재료인 포도 품종에 따라 저마다의 향과 맛을 지니므로 개인 취향에 맞게 선택하면 됩니다. 레이블에 품종을 기입하지 않는 유럽과 달리 신세계 와인은 친절하게 레이블에 품종을 명시하고 있어 초보자도 어렵지 않게 품종에 따른 와인을 선택할 수 있습니다. 예를 들어 강한 맛을 원한다면 카베르네 소비뇽으로 만든 와인을, 부드럽고 유연한 맛을 원한다면 메를로나 진판델로 만든 와인을, 부드러우면서 향신료의 풍미를 원한다면 쉬라즈를 선택하는 것이 좋습니다. 자세한 품종별 특징은 21장을 참고하세요.

6. 와인의 진열상태를 확인하자

와인은 직사광선이나 뜨거운 열기구 등을 반드시 피해야 하는 주류입니다. 따라서 태양열을 그대로 받는 윈도우에 진열되어 있거나 형광등, 백열등 같은 뜨거운 조명기구가 내리쬐는 곳에 전시되어 있는 와인은 되도록 선택하지 않는 것이 좋습니다.

7. 와인이 흘러넘치지 않았는지 확인하자

가끔 병 입구에서 아래쪽으로 무언가가 흘러내린 흔적을 볼 수 있습니다. 이때 손이나 하얀 휴지 등으로 닦아보아 붉은색이 묻어나거나 끈적끈적하게 만져진다면 십중팔구 더운 열기로 인해 와인이 병 밖으로 새어나온 것입니다. 이를 와인의 열화(熱化)라고 하는데, 흔히 '와인이 끓어올랐다'고 말합니다.

이런 경우 병 입구의 캡을 누르면 와인이 밖으로 흘러나오거나, 캡이 병목에 들러붙어 돌아가지 않는 경우가 있습니다. 이런 와인은 당연히 구입해서는 안 되겠죠? 하지만 캡이 돌아가지 않는다고 해서 전부 끓어오른 것은 아니니 한번 더 주의 깊게 살펴보세요.

8. 병목을 확인하자

와인을 병에 담는 병입은 손으로 직접 하는 경우도 있지만 보통은 자동화 장비를 이용하기 때문에 일정량의 와인이 담기게 됩니다. 정상적인 와인은 병목까지 가득 채워져 있습니다. 만약 와인이 병목까지 채워져 있지 않다면, 이는 와인이 끓어오르거나 산화로 인해 증발한 것일 수 있습니다. 항상 그런 것은 아니지만 와인이 약간 덜 담긴 듯 보인다면 일단 의심해 볼 여지가 있으니 끓어오른 흔적 등을 확인한 후에 구입하는 것이 좋습니다.

9. 레이블의 상태를 확인하자

와인이 직사광선이나 빛에 오래 노출되면 레이블의 색이 변하는 경우가 있습니다. 와인병의 레이블 색깔이 선명하지 않거나 색이 바래 있다면 일단 선택하지 않는 게 좋습니다.

10. 구입 후 코르크의 상태를 확인하자

캡을 제거했을 때 코르크의 윗면이 젖어 있거나 붉은색으로 물들어 있고, 코르크 옆면이 아래에서 위까지 젖은 흔적이 있다면 십중팔구 끓어오른 흔적이라고 보면 됩니다. 이미 구매했더라도 이러한 와인은 판매처로 가져가서 교환하세요. 또한 코르크를 눌렀을 때 딱딱하지 않고 물렁거리는 느낌이 있으면 와인이 산화되었을 가능성이 있으므로 의심해 볼 만합니다.

스마트폰으로 현명하게 즐기는 와인

스마트폰을 활용하면 와인도 더욱 간편하고 현명하게 즐길 수 있습니다. 어플리케이션을 다운받아 와인 레이블이나 이름 등을 통해 와인 정보를 검색하고 와인과 관련한 최신 정보도 쉽게 얻을 수 있지요.

지금 마시고 있는 와인이나 사고 싶은 와인을 레이블이나 이름으로 검색해 볼 때에는 비비노(Vivino)나 와인 서쳐(Wine Seacher) 어플리케이션을 추천합니다. 와인 품종이나 생산지역, 가격, 음식 매치 등 와인에 대한 기본 정보를 얻을 수 있는 것은 물론 유저들의 평가도 공유할 수 있습니다.

한글로 된 국내 어플리케이션으로는 상황에 맞는 와인을 추천받을 수 있는 와인오퍼(Wine Offer)가 있지요. 또한 〈와인 스펙테이터(Wine Spectator)〉 같은 유명 와인 잡지도 어플리케이션을 이용하면 더욱 손쉽게 열람할 수 있습니다.

와인,
이것만 알면 나도 소믈리에!

20

와인의 맛만큼 중요한
아로마

와인의 독특한 향 아로마

와인은 수분이라는 뼈대 위에 알코올과 당분, 각종 유기질과 미네랄 성분이 어우러지면서 매혹적인 살집을 키워내는 유기체랍니다. 아로마(Aroma)란 와인이 이렇게 성장하는 과정에서 생겨나는 고유의 향기를 말합니다. 와인을 코로 가져갔을 때 느껴지는 향이 바로 아로마라고 할 수 있지요.

레드와인이든 화이트와인이든 와인은 품종에 따라, 숙성 정도에 따라, 만드는 방법에 따라, 생산지역에 따라 각기 다른 수백 가지의 아로마를 만들어냅니다. 개봉한 후 마실 때도 온도 등 외부환경에 따라서 아로마의 발산 정도나 질이 현저히 달라질 수 있고요.

아로마의 발산 정도는 온도의 영향을 아주 많이 받습니다. 온도가 상대적으로 낮을 경우 와인은 위축되어 수줍음을 타게 되고, 자기가 품고 있는 아로마를 제대로 발산하지 못하게 됩니다. 반면에 온도가 너무 높으면 자칫 알코올의 맛이 강하게 느껴질 수 있으므로 적정 온도를 유지하는 것이 중요합니다.

그리고 무더운 기후에서 자란 포도일수록 당분이 높아 잘 익은 과실의 아로마를 발산하며, 알코올 함량도 더 높아 아로마가 더 풍부하게 발산되는 경향이 있지요. 숙성방식에 의해서도 아로마의 특징이 달라지는데, 오크통 숙성을 거칠 경우 토스트(Toast), 버터, 초콜릿, 바닐라, 후추, 훈제, 시가 등의 아로마가 발산됩니다.

향을 느낄수록 점점 깊어지는 아로마!

와인이 갖고 있는 아로마는 무궁무진합니다. 널리 알려진 것만 천여 가지가 넘는다고 하니, 그 향을 알아내는 일은 전문가인 소믈리에게도 쉬운 일이 아닙니다. 따라서 와인에 익숙하지 않은 초보자라면 쉽게 맡을 수 있는 향부터 천천히 알아가며 와인과 친해지는 것이 좋습니다.

와인의 아로마는 1차, 2차 그리고 3차로 나눌 수 있습니다. 1차 아로마는 포도가 가지고 있는 자연의 향입니다. 보통 레드와인은 장미, 딸기, 체리, 블랙커런트 향을, 화이트와인은 복숭아, 풋사과, 청포도 같은 과일향을 지니고 있지요.

2차 아로마는 발효와 양조 과정을 거치면서 발생하는 향입니다. 이스트, 잼, 허브, 말린 과일, 토스트, 바닐라, 오크와 같이 와인의 풍미를 더해 주는 향이랍니다.

3차 아로마는 와인이 숙성되면서 생겨나는 향인데, 화학적인 물질, 향신료, 가죽이나 사향, 버섯, 시가와 같은 향을 말합니다. 좋은 와인일수록 1~3차 아로마를 균형있게 발산하여 복합적인 풍미를 냅니다.

처음부터 와인의 아로마를 세세하게 판단하기보다는 과일, 나무, 구운 빵, 향신료 식으로 두루뭉술하게 구분지어 판단하는 것이 좋습니다. 어느 정도 와인의 향에 익숙해지면 조금 더 세밀한 구분이 가능하니까요. 그때는, 예를 들어 과일이라면 말린 과일인지 열대과일인지 구별할 수 있고, 열대과일도 멜론인지 파인애플인지 등으로 세분화해서 구별이 가능합니다.

와인의 대표적인 아로마

후추	톡 쏘는 듯한 자극적이며 매콤한 맛
바닐라	바닐라 특유의 부드러우면서 달콤한 향
오크	오크통 숙성을 통해 생기는 아로마로 구운 나무, 향신료, 연기 등의 아로마
토스트	노릇노릇하게 구운 빵에서 느껴지는 구수하면서 달콤한 향
허브	민트, 잔디와 같은 초록색의 풀향
시트러스 과일	레몬, 오렌지, 라임, 자몽 등 감귤류에서 감지되는 상큼한 향
검은 과일	오디, 블랙커런트와 같이 검은 딸기류의 새콤달콤한 풍미
붉은 과일	체리, 딸기, 레드커런트와 같은 붉은색을 띠는 딸기류의 새콤달콤한 풍미
말린 과일	말린 자두, 말린 살구, 건포도처럼 과일의 진한 단맛을 표현하는 말

와인 아로마를 200% 즐겨보자! '아로마 휠' 도표

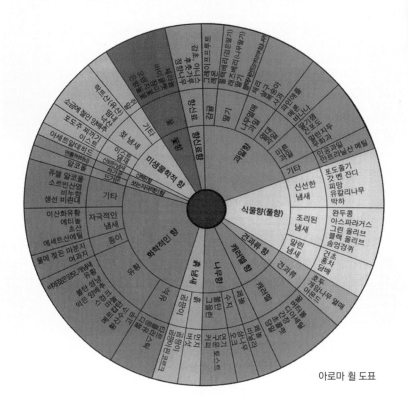

아로마 휠 도표

와인 속에는 수많은 화학적 성분의 조화로 수천 가지의 아로마가 존재한다고 하지만, 사람의 감각기관으로 구분할 수 있는 것은 그리 많지 않습니다. '아로마 휠' 도표는 와인의 아로마를 간략하게 구분지어 놓은 것입니다.

원의 가장 안쪽이 가장 기본적인 큰 분류이며, 바깥쪽으로 갈수록 세분화되어 있습니다. 가장 안쪽 원에 명시된 아로마는 초보자라 해도 꾸준히 즐겨 마시면 쉽게 터득할 수 있습니다.

21

와인 맛을 결정하는
포도 품종!

와인을 고를 때 알아야 하는 또 다른 정보는 바로 포도의 품종입니다. 수천 수만 가지의 와인 이름에 초보자들은 지레 겁을 먹게 마련이지만, 기본적인 포도 품종 몇 가지만 알고 있으면 왕초보 딱지는 아듀! 양조용 포도 품종 중 대표적인 것 9가지만 알아보겠습니다.

포도 품종에 따라 와인 맛은 얼마나 차이가 날까?

와인은 어떤 품종으로 만들었느냐에 따라 고유한 맛과 향을 냅니다. 기본적으로 레드와인을 만드는 품종과 화이트와인을 만드는 품종이 서로 구분되어 있지만, 때로는 블렌딩(혼합)해서 만들기도 합니다. 같은 품종으로 만들었다 하더라도 생산지, 생산자, 기후 등 여러 조건에 따라 변화무쌍한 맛을 보이는 것이 와인이지만, 포도 품종이 가지고 있는 기본적인 특징은 변함이 없으므로 다음의 특징들만 이해해도 와인을 좀더 똑똑하게 즐길 수 있습니다.

붉은 빛깔의 적포도, 레드와인 품종

레드와인은 포도껍질과 씨에서 우러나는 타닌 성분과 붉은 빛깔이 가장 큰 특징인 만큼 장기숙성을 위해서 껍질이 두껍고 타닌이 풍부한 품종을 주로 사용합니다.

남성적이고 파워풀한 카베르네 소비뇽(Cabernet Sauvignon)

프랑스 보르도의 메독이 원산지입니다. 전세계적으로 많은 지역에서 재배되고 있습니다. 색이 진하고 껍질이 두꺼워 장기숙성용으로 주로 사용되지요. 타닌의 떫은맛이 강해 아래에서 설명할 메를로와 함께 블렌딩해서 사용하기도 합니다.

카베르네 소비뇽

도회적 남성미의 메를로(Merlot)

카베르네 소비뇽에 비해 타닌이 적은 메를로는 잼(Jam)처럼 부드럽고 유연하며 세련된 맛을 지니고 있습니다. 이 역시 장기숙성이 가능한 품종입니다. 카베르네 소비뇽과 함께 프랑스 보르도 와인을 대표하는 품종이지요.

수다쟁이 시라(Syrah)

프랑스 론, 호주, 남아공 등 주로 더운 지역에서 재배되는 품종으로, 포도 자체에 당분이 많아 알코올이 다소 높고 풍부한 타닌을 함유하고 있어서 장기숙성에 적합합니다. 후추같은 향신료의 매콤한 풍미와 잼처럼 진하면서 부드러운 풍미를 지니고 있지요. 신세계 산지에서는 쉬라즈(Shiraz)라고도 합니다.

새침데기 피노 누아(Pinot Noir)

껍질이 얇고 타닌이 적은 품종입니다. 딸기 같은 상큼한 과실의 풍미가 특징이지요. 기후에 매우 예민하고 수확량이 적으며 프랑스 부르고뉴 지방을 비롯한 선선한 기후조건을 갖는 곳에서만 재배되는 까다로운 품종으로 유명합니다.

피노 누아 품종으로 만든 레드와인

부드러운 성격의 진판델(Zinfandel)

이탈리아에서 미국으로 이민 가서 성공한 품종입니다. 캘리포니아를 대표하는 포도로, 강하지 않은 타닌과 잼처럼 진한 풍미, 부드러운 맛을 특징으로 합니다. 초보자에게 권할 만한 품종이지요.

황금빛 청포도, 화이트와인 품종

레드와인과 달리 포도 알맹이만 사용해서 만드는 화이트와인은 떫은맛이 없고 상큼한 맛이 특징입니다.

화이트와인의 왕 샤르도네(Chardonnay)

프랑스 부르고뉴를 대표하는 화이트와인 품종으로, 세계적으로 가장 유명한 화이트와인용 청포도지요. 서양배, 사과, 파인애플 등 화려한 과일 풍

미를 냅니다. 오크통 숙성을 통해 장기숙성이 가능한 품
종입니다.

샤르도네

청량감이 풍부한 소비뇽 블랑(Sauvignon Blanc)

프랑스 루아르와 보르도 지방에서 자라는 품종으로,
산도가 높고 시원한 청량감이 느껴집니다. 풀 냄새 같은
허브향과 부싯돌이나 화약 같은 스모키한 풍미가 특징이지요. 샤르도네 다음
으로 가장 많이 재배되는 품종입니다.

우아한 귀족적 자태의 리슬링(Riesling)

장기숙성이 가능하고, 독일 모젤과 라인, 프랑스의 알
자스 지역에서 세계 최고 품질의 리슬링 와인을 만들어
냅니다. 모젤과 라인, 알자스 지방의 지질 특성상 미네랄
풍미가 나는 것이 특징입니다. 특히 아이스 와인이나 귀
부 와인*처럼 스위트 타입의 화이트와인이 유명한데, 꿀
처럼 진하고 달콤한 맛과 휘발유의 여운이 감도는 풍미
가 납니다.

리슬링

✦ 아이스 와인은 32장, 귀부 와인
은 31장에서 자세히 설명합니다.

달콤한 유혹 모스카토(Moscato)

열대과일의 아로마가 풍부한 품종으로, 이탈리아 북부 피에몬테 지방에서
많이 재배되며 주로 스위트 계열의 스파클링 와인을 만드는 데 쓰입니다. 순
하고 달콤해서 와인 초보자나 연인들에게 가장 많이 사랑받는 품종이지요.

22

음식과 와인의 궁합을 나타내는 말, 마리아주!

음식과 와인의 결혼, 마리아주!

음식과 와인이 결혼을 전제로 맞선을 본다고 상상해 보세요. 상대가 붉은 살이냐 흰 살이냐, 또는 생선이냐 고기냐 등 태생(?)에 따라 궁합이 달라지는 건 당연하겠죠? 그런데 어떤 소스를 썼는지, 어떤 조리방식을 썼는지 등 성장 배경(?)에 따라서도 궁합은 많이 달라지게 됩니다. 사실 태생적 환경보다 이후 어떻게 자라 어떤 성격을 가지게 되었는지가 더 중요하지 않을까요?

여기서 한 가지 재미있는 것은, 음식과 와인을 매치하는 것을 가리켜 정말로 '결혼'이라고 표현한다는 사실입니다. 물론 우리말 '결혼'이 아닌 '마리아주'(Mariage)라는 프랑스어 표현을 쓰지요.

음식의 성격으로 결정하는 마리아주!

마리아주에 있어 중요한 것은 음식의 성격, 즉 소스랍니다.

만약 육류를 이용해 만든 그레이비 소스*를 곁들이는 요리라면 되도록 레드와인을 매칭하는 것이 좋습니다. 닭고기 같은 흰 살코기 요리라도 그레이비 소스라면 화이트와인보다는 레드와인이 훨씬 더 음식의 향미를 배가시켜 주기 때문이지요.

또 크림 계열의 화이트소스가 들어간 음식이라면 타닌이 있는 레드와인보다는 산도가 있는 화이트와인

◆ 그레이비 소스(Gravy Sauce)
육류를 철판에 구울 때 생기는 국물에 살코기, 뼈, 생선, 채소 등을 넣고 끓인 국물을 부어 만드는 소스를 말합니다.

그레이비소스에는 레드와인이 어울려요!

을 매칭하는 것이 좋습니다. 와인의 산도가 음식의 크리미한 풍미를 산뜻하게 중화시켜 느끼한 맛을 없애 주기 때문이죠. 육류지만 크리미한 화이트소스가 사용된다면 크림 성분을 커버해 줄 수 있는, 산도가 있고 바디감도 다소 있는 오크 숙성 화이트와인이 잘 어울립니다.

물론 고기를 얇게 썰어 요리했는지 아니면 두꺼운 상태인지에 따라서도 달라질 수 있고, 사용하는 소스의 종류만이 아니라 양에 따라서도 달라질 수 있답니다. 그러나 보통은 소스의 종류에 따라 와인을 매칭하는 것이 기본입니다.

붉은 고기나 강한 소스에는 레드와인

스테이크처럼 두꺼운 육질의 고기나 향이 강한 소스, 또는 향신료가 들어간 음식에는 레드와인을 추천합니다.

꽃등심 구이

라자냐

✦ **키안티 와인(Chianti Wine)**
이탈리아의 대표적인 와인으로 부드러운 맛이 특징입니다.

❶ 꽃등심 구이

적당한 마블링으로 입 안에서 부드럽게 녹아내리는 고기 요리에는 타닌이 강하지 않고 섬세한 맛을 지닌 피노 누아 품종의 부르고뉴 와인이 잘 어울립니다.

❷ 라자냐

고기와 토마토소스, 치즈 등 다양한 재료가 들어가는 라자냐는 부드러운 산도와 적당한 타닌 그리고 과실의 풍미를 두루 갖춘 이탈리아 키안티 와인*과 잘 어울립니다.

❸ 생갈비 구이

두꺼운 육질에 씹는 맛이 일품인 갈비구이에는 타닌이 풍부하고 산도가 강하지 않으며, 아로마가 풍부하고 파워풀한 레드와인이 제격입니다. 알코올 도수가 높고 타닌이 강한 스페인 레드와인도 좋습니다.

❹ 갈비찜

쫄깃쫄깃한 육질에 달콤하면서 기름진 양념이 더해진 갈비찜에는 풍부한 타닌과 부드러운 산도, 진하면서도 아로마가 풍부한 프랑스 론, 호주산 또는 미국산 레드와인이 잘 어울립니다.

❺ 카레

매콤한 향신료 맛을 지닌 인도식 카레는 역시 향신료의 풍미가 강한 쉬라 즈 품종의 레드와인과 함께 먹으면 좋습니다.

생선이나 크림소스에는 화이트와인

일반적으로 생선이나 흰 살코기 요리는 화이트와인과 잘 어울립니다. 하지만 메인 재료가 육류라 할지라도 크림소스가 들어갔다면 화이트와인을 추천합니다.

크림소스 스파게티

❶ 크림소스 스파게티

크림소스의 풍부하고 기름진 맛에는 과일의 풍미가 강한 와인보다는 산도가 풍부하고 다소 심플한 맛의 화이트와인이 잘 어울립니다.

생선회/초밥

❷ 생선회/초밥

날생선의 비릿한 맛을 상쇄시켜 줄 수 있는 상큼한 화이트와인이 좋습니다. 적절한 산도와 미네랄 성분이 풍부한 프랑스산 소비뇽 블랑으로 만든 화이트와인이 제격이지요.

❸ 탕수육

걸쭉하면서 새콤달콤한 소스로 풍부한 맛을 내는 탕수육은 독일산 리슬링으로 만든 와인처럼 단맛이 풍부하면서 부드러운 산도를 지닌 화이트와인과 함께 먹으면 좋습니다.

❹ 족발

우리나라의 족발과 유사한 '슈바이네학센'이라는 독일 음식이 있습니다. 독일에서도 이 음식을 먹을 때 화이트와인을 마시는데요, 우리나라의 족발에도 화이트와인이 잘 어울립니다. 스파이시한 풍미와 향긋한 과일향, 적당한 산도의 조화가 족발의 고소함을 배가시켜 주기 때문이지요.

❺ 샤브샤브

해산물, 야채, 얇게 썬 쇠고기 등을 살짝 데쳐 먹는 요리인 샤브샤브에는 레드와인보다는 산도가 풍부하면서도 오크 숙성을 거쳐 다소 바디감이 있는 화이트와인이 잘 어울립니다.

와인과 잘 어울리는 음식, 피해야 할 음식

	어울리는 음식	피해야 할 음식
레드와인	피자, 토마토소스 파스타, 스테이크, 각종 육류 요리, 족발, 깐풍기, 각종 치즈	비릿한 맛이 강한 날음식(생선), 식초가 많이 들어간 샐러드, 너무 맵고 짠 음식
화이트와인	크림소스 또는 기름진 소스가 풍부한 음식, 핑거푸드 같은 가벼운 요리, 생선 및 해산물, 닭고기, 탕수육, 각종 치즈	고르곤졸라같이 향이 강한 블루치즈
스위트 와인	디저트, 특히 초콜릿, 과자, 케이크, 블루치즈	재료 본연의 맛을 강조한 메인 요리
스파클링 와인	생선회, 중국요리 등 모든 음식	단맛이 강한 음식

맵고 짠 한국음식에 잘 어울리는 와인

고춧가루, 젓갈, 마늘 등 향이 강한 재료들을 아낌없이 사용해서 맵고 짜고 강한 맛이 특징인 한국음식과 와인은 자칫 극과 극의 대립을 보일 수 있습니다.

서양식 정찬은 메인요리를 중심으로 와인을 매칭하면 되지만, 한식은 소소한 반찬들까지 하나하나 강렬한 맛을 지니고 있어 와인과의 마리아주가 여간해서는 쉽지 않습니다. 매칭이 잘못되면 자칫 맛이 상극이 되어 차라리 와인이 없느니만 못해지는 거죠.

따라서 한식에 와인을 곁들일 때는 불고기, 갈비, 회 등과 같은 메인요리에 초점을 맞추어 와인을 선택하는 것이 그나마 안전한(?) 방법입니다.

먼저 달콤하고 진한 양념이 들어간 불고기나 찜 등의 고기 요리에는 와인 역시 진한 맛이 느껴지는 캘리포니아의 진판델이나 카베르네 소비뇽이 잘 어울립니다. 반대로 잡채나 빈대떡 등 양념이 강하지 않은 음식에는 화이트와인이 잘 어울리지요. 하지만 꼭 레드와인을 마시고 싶다면 타닌이 강하지 않고 섬세한 맛을 내는 피노 누아가 좋습니다.

김치나 고추장을 이용한 요리에는 매운 맛을 내는 프랑스 론 지방의 시라나 그르나슈* 품종의 와인을 매치하면 좋습니다. 김치의 매운 맛과 동질감을 드러내면서도 과일의 달콤한 여운이 매운 맛을 부드럽게 상쇄시켜줍니다.

또 김밥이나 유부초밥, 잡채 등 간단한 먹을거리를 준비해서 나들이를 나간다면 무거운 레드와인보다는 가볍고 상큼한 화이트와인이 더 잘 어울립니다. 특히 로제와인의 예쁜 빛깔과 상큼한 맛은 나들이 분위기를 살리는 데 더할 나위 없는 소품이 될 것입니다.

◆ 그르나슈
프랑스 론 지방과 스페인 북쪽 등에서 많이 자라는 품종으로 과일 향이 풍부하고 색이 진해 다른 품종과 블렌딩해 많이 사용합니다.

한식과 잘 어울리는 와인

간장 양념이 진하게 들어간 고기 요리	김치 등 매운 맛의 요리	양념이 강하지 않은 요리
불고기, 양념갈비, 꼬리찜 등 양념이 많이 들어간 고기 요리에는 살짝 단맛이 돌면서 진하고 풍부한 맛을 지닌 캘리포니아 진판델이 제격입니다.	매운맛이 강한 요리에는 와인 역시 시라, 그르나슈 품종을 사용해 스파이시하면서도 과일향이 풍부한 프랑스 론 지방의 와인을 추천합니다. 한식의 매운 맛을 부드럽게 살려줍니다.	부침개, 잡채 등 비교적 양념이 강하지 않은 요리에는 상큼하고 부드러운 화이트와인을 추천합니다. 다만 레드와인을 곁들여 마시고 싶다면 피노 누아 품종으로 만든 섬세한 레드와인이 좋습니다.

23

와인과 떼놓을 수 없는
치즈

치즈와 와인의 공통점은 둘 다 발효음식이라는 점입니다. 치즈는 단백질
과 칼슘이 풍부해 건강에 좋으며, 간의 알코올 분해활동을 도와줍니다. 더욱
이 치즈는 와인의 떫은맛을 약화시키고, 와인은 치즈의 깊은 맛을 더 풍부하
게 해줍니다. 이러한 이유로 와인과 치즈를 함께 즐기면 더욱 좋지요.

다양한 특성을 가진 치즈와 와인을 매치시키기 어려울 땐 화이트와인을
선택하면 좋습니다. 특히 달지 않은 화이트와인과 함께 곁들이면 좋지요. 일
반적으로 부드러운 타입의 소프트 치즈는 화이트와인이나 스파클링 와인, 하
드 치즈는 레드와인 그리고 블루치즈처럼 향이 강한 치즈는 달콤한 와인과 잘
어울린답니다. 짭짤한 맛이 강한 치즈는 신맛이 나는 와인으로 보완해 주는
것도 좋습니다.

언제 어디서든, 어떤 와인에도 잘 어울리는 가공치즈

벨큐브 치즈(가공치즈)

가공치즈란 보존성을 강화하기 위해 종류나 숙성도가 다른 천연치즈를 혼합해 고형화한 치즈를 통칭합니다. 우리나라 마트나 백화점의 식품매장에서도 흔히 볼 수 있는 대부분의 치즈이지요. 가볍게 와인을 즐기는 사람이 늘어나면서 우리나라에서도 다양한 종류의 치즈를 구할 수 있게 되었습니다. 치즈 역시 와인만큼이나 다양한 종류와 특유의 맛과 향을 갖고 있지요.

가공치즈는 향신료나 햄, 마늘 등 첨가류를 넣어 치즈 특유의 향과 맛이 덜해 누구나 거부감 없이 즐길 수 있습니다. 또한 대체로 화이트와인, 레드와인에 상관없이 어떤 와인과도 잘 어울리지요.

와인 초보자의 입맛에는 소프트 치즈

카망베르 치즈

모차렐라 치즈

와인 초보자들이 마시기 좋은 타닌이 없는 샤르도네 품종의 화이트와인이나 가벼운 타입의 레드와인에는 부드러우면서도 입 안에 진한 맛이 퍼지는 소프트 치즈가 잘 어울립니다. 소프트 치즈 특유의 기름기를 신선함이 특징인 가벼운 와인이 깔끔하게 정리해 주기 때문이지요. 소프트 치즈로는 카망베르(Camembert) 치즈와 브리(Brie) 치즈가 있습니다. 우리나라에서 가장 많이 소비되는 치즈이다 보니, 마트에서도 쉽게 구할 수 있습니다.

수분이 많고 향이 거의 없는 프레시 치즈 역시 향이 강한 레드와인보다는 드라이한 타입의 화이트와인이나 스파클링 와인과 잘 어울립니다. 치즈 자체의 맛이 가볍고 부드럽기 때문에 향이 강한 와인은 어울리지 않지요. 누구나 한번쯤은 들어본 모차렐라 치즈가 프레시 치즈 중 하나입니다.

달콤한 와인에는 고린내가 나는 고르곤졸라

고르곤졸라 치즈

요즘엔 많이 대중화되었지만 특유의 곰팡이 냄새 때문에 인기가 없었던 고르곤졸라(Gorgonzola) 치즈! 실제로 푸른색 곰팡이가 피어 있는 블루치즈입니다. 이렇게 향이 강한 치즈에는 꿀처럼 진한 스위트 와인인 아이스 와인이나 귀부 와인이 잘 어울립니다.

파르메산 치즈

드라이하면서도 산도가 있는 와인에는 하드 치즈

에멘탈 치즈

고소하면서도 짭짤한 맛이 특징인 하드 치즈는 드라이하면서 산도가 풍부한 와인이 잘 어울립니다. 특히 갈아서 피자 위에 뿌려 먹는 이탈리아 대표 치즈 파르메산(Parmesan) 치즈는 산도가 풍부한 화이트와인이나 이탈리아 레드와인과 궁합이 잘 맞습니다.

이외에 〈톰과 제리〉에 나온 삼각형의 구멍 뚫린 치즈를 기억하시나요? 바로 그 치즈가 하드 치즈의 대표 격인 에멘탈(Emmental) 치즈입니다. 에멘탈은 향긋한 과일향의 화이트와인과도 잘 어울립니다.

종류도 다양한 와인글라스!
딱 하나만 고른다면?

왜 와인은 와인글라스에 마셔야 할까?

와인 전용 글라스는 와인의 종류에 따라 제각기 다른 모양을 하고 있습니다. 다시 말해 레드와 화이트, 스파클링에 따라 글라스의 모양도 달라지는데, 이는 각각의 와인이 가지고 있는 고유한 아로마를 최대한 끌어내기 위함입니다.

와인글라스가 중요한 이유를 실감하려면, 간단히 종이컵에 와인을 따라 마셔보면 됩니다. 아무리 좋은 와인도 종이컵에 따라 마시면 그 좋던 향기는 온데간데없이 사라지고 시거나 떫은 맛만 납니다. 기껏해야 들척지근한 혀끝의 자극만 느껴지지요.

◆ 와인잔 들기 전에
와인잔은 대부분 투명하기 때문에 지문이나 입술 자국이 남기 쉽습니다. 음식과 함께 곁들일 때는 와인잔을 들기 전에 냅킨으로 입술을 가볍게 닦는 것이 기본적인 매너랍니다.

딱 하나만 사야 한다면, 튤립형 글라스!

와인을 제대로 즐기려면 종류에 따라 각기 다른 와인잔을 사용하는 것이 기본이지만, 웬만한 와인 애호가가 아니라면 일반 가정에서 종류별로 와인글라스를 다 구비해 놓기란 쉬운 일이 아니죠. 만약 와인잔을 하나만 사야 한다면 튤립형 글라스를 구비하는 게 좋습니다.

튤립형 글라스는 우리가 가장 쉽게 접할 수 있는 와인잔으로, 볼에서 입술이 닿는 립(Lip) 부분*으로 이어지는 면이 안쪽으로 부드럽게 굽어 있는 형태입니다. 경우에 따라 립 부분만 바깥쪽으로 살짝 벌어진 형태도 있습니다.

> ◆ 립-볼-스템-베이스
> 와인잔은 위쪽에서부터 입술에 닿는 부분을 립(Lip), 와인을 담는 부분을 볼(Bowl), 다리 부분을 스템(Stem), 밑받침 부분을 베이스(Base)로 구분해서 부르기도 한답니다.

볼이 큰 레드와인 전용 글라스

레드와인에 적절한 글라스는 우선 볼이 큰 것이 좋습니다. 볼이 크면 공기와의 접촉면이 넓어져 복합적이고 풍부한 향이 발산되기 때문이지요. 볼이 넓은 만큼 디캔팅 효과도 얻을 수 있고요. 또 립 부분이 볼보다 좁으면 향을 잘 가두는 동시에 스월링 등을 통해 향이 더 발산되도록 돕는 역할도 합니다. 일반적으로 레드와인 전용 글라스는 튤립형 볼을 가진 보르도 타입과 볼이 훨씬 더 큰 부르고뉴 타입의 두 가지로 구분합니다.

보르도 타입은 립 부분이 안쪽으로 약간 굽은 길쭉한 튤립형으로 아로마를 잘 가두는 역할을 합니다. 부르고뉴 타입은 보르도에 비해 볼이 넓고 큰 편인데 이는 공기와의 접촉면을 넓게 해 부르고뉴의 섬세한 아로마를 더 많이 발산하도록 하기 위해서이지요.

부르고뉴 타입의 경우 와인의 신선한 과일향을 보다 잘 느낄 수 있도록 립 부분이 바깥쪽으로 말린 '트럼펫형'으로 디자인되기도 합니다.

낮은 온도를 유지해야 하는 화이트와인 전용 글라스

화이트와인은 글라스의 볼이 레드와인에 비해 작은 것이 좋습니다. 차갑게 마셔야 하는 화이트와인의 특성상 와인의 온도가 올라가지 않도록 하기 위해서지요. 볼이 넓어 와인잔이 크면 와인을 마시는 동안 체온에 의해 온도가 올라가 제대로 된 풍미를 느끼기 어렵겠죠?

작고 립 부분이 좁은 주정강화 와인 전용 글라스

주정강화 와인은 와인에 브랜디를 첨가해 만든 것으로, 포르투갈의 포트(Port) 와인과 스페인의 셰리(Sherry) 와인을 말합니다. 도수가 높은 것이 특징이죠. 알코올 도수가 높은 주정강화 와인용 잔은 주로 식전이나 식후주를 마실 때 사용되어 일반 와인잔에 비해 크기가 작고 립 부분이 좁습니다.

스파클링 와인에는 플루트 모양의 글라스

스파클링 와인을 즐길 때는 플루트처럼 좁고 긴 형태의 글라스가 좋습니다. 튤립 형태의 일반적인 글라스는 모든 와인에 무난하게 어울리지만 경쾌하게 기포가 날아다니는 스파클링 와인의 매력을 제대로 표현하기에는 모자란 감이 있지요. 공기와 접하는 면이 넓으면 그만큼 탄산가스가 쉽게 날아가 버리기도 하고요. 또 최근 샴페인을 마실 때 좁고 긴 잔에 따르면 기포가 더욱

레드 – 보르도	레드 – 브루고뉴	화이트	셰리/포트	스파클링

효율적으로 움직여 기포를 통해 대기 중으로 퍼지는 향 역시 더욱 풍부하게 느낄 수 있다는 연구 결과도 있었죠. '미식(美食) 미스터리'라는 신장르를 개척한 일본 작가 타쿠미 츠카사의《금단의 팬더》라는 소설에 다음과 같은 묘사가 등장합니다.

"아름다울 정도로 휘황히 빛나는 가느다란 플루트 글라스 안에서 황금빛 액체가 흔들리며 자잘한 거품을 우아하게 피워올렸다."

좋은 와인글라스 고르는 4가지 포인트

모양과 크기도 제각각이지만, 좋은 와인글라스에는 기본적인 조건이 있습니다.

첫째, 투명하고 얇은 크리스털이어야 합니다. 이는 와인의 색을 정확하게 판단하고 감상하기 위함인데요. 투명도가 높을수록 소리의 울림이 좋고 청명한 특성을 보여줍니다.

둘째, 필요 없는 장식이나 색깔이 없어야 합니다. 글라스 자체에 다양한 커팅이 들어가거나 색이 들어 있으면 와인의 색을 제대로 감상하거나 판단할 수 없기 때문입니다.

셋째, 유선형의 넓은 볼을 가지고 있어야 합니다. 이는 와인이 품고 있는 아로마를 제대로 끌어안아 풍부하게 표출하기 위해서입니다. 볼 부분의 용량은 너무 크거나 작지 않으면 됩니다. 와인잔이 너무 작으면 자주 따라야 해서 불편하고, 와인잔이 너무 크면 와인을 마시는 중 체온에 의해 와인의 온도가 올라가 제대로 된 와인의 풍미를 느낄 수 없기 때문입니다.

넷째, 글라스의 면에 굴곡이 있어야 합니다. 일반 스트레이트 글라스에 와인을 따라 마시면 아로마가 바로 공기 중으로 날아가 향을 제대로 감지할 수 없는 것은 물론, 각 와인의 특징적인 맛을 구별하기 힘들어집니다.

와인글라스는 과학이다! 리델의 명품 글라스

오스트리아의 리델 글라스(Riedel Glass)는 260여년의 전통을 지닌 와인글라스 전문업체입니다. 1756년 체코슬로바키아의 보헤미아에서 유리잔 전문업체로 출발한 리델사는 제2차 세계대전이 끝난 후 체코가 공산화되자 오스트리아로 망명해 다시 유리잔 전문업체로서 가업을 잇기 시작했습니다.

리델의 아홉 번째 오너인 클라우스 리델은 기능적인 면에만 충실하던 기존의 와인글라스 업계에 혁신적인 개념을 제시한 인물입니다. 바로 와인글라스의 모양이 와인의 맛과 향에 영향을 준다는 점에서 착안했죠.

리델은 여러 와인의 특성을 다각적으로 연구해서 업계 최초로 장식이 없고 얇으며 손잡이가 긴 와인 전용 글라스를 선보였고, 지금도 전세계에서 생산되는 모든 와인의 특성에 가장 잘 어울리는 와인글라스를 만들기 위해 제품의 개발 단계에서부터 최종 단계에 이르기까지 소믈리에를 참여시키고 있다고 합니다.

리델사의 소믈리에 잔 시리즈

와인의 묵은 때를 벗기는
디캔팅

와인의 맛을 풍부하게 해주는 디캔팅

디캔팅(Decanting)은 와인병을 개봉한 후 디캔터(Decanter)라는 용기에 와인을 옮겨 담는 것을 말합니다. 그 과정에서 와인이 공기 중의 산소와 활발히 접촉하게 되고, 와인병 속의 부산물들이 걸러지게 됩니다. 보통 디캔팅을 와인에 산소를 접촉시키는 것으로만 알고 있는데, 디캔팅은 브리딩* 효과 외에도 병 속의 침전물을 제거함으로써 좀더 부드럽고 풍부한 와인의 맛을 즐길 수 있게 해준답니다.

◆ 브리딩(Breathing)
오랜 기간 병 속에서 숙면을 취하던 와인을 산소와 접촉시켜 맛과 향기가 살아나도록 깨우는 일련의 동작과 시간을 말합니다.

와인의 침전물은 발효와 숙성 과정에서 생겨난 찌꺼기들인데, 인체에 해롭지 않고 맛에도 전혀 지장이 없답니다. 다만 보기에 찜찜할 따름이죠. 와인 찌꺼기 외에도 간혹 병 속에 부서진 코르크 조각들이 섞여 있는 경우도 있습니다.

원래 와인은 눕혀서 보관하는 게 좋다고 하죠? 그런데 디캔팅을 하기 위해서는 마시기 하루 전에는 병을 세워놓는 것이 좋답니다. 침전물을 바닥에 잘 가라앉혀 디캔팅을 보다 잘하기 위해서지요. 주로 장기 숙성된 올드 와인은 침전물을 제거하기 위해서, 덜 숙성된 영 와인은 와인 특유의 아로마가 공기와 섞여 더욱 부드럽고 숙성된 맛을 얻기 위해 브리딩 목적의 디캔팅을 합니다. 하지만 침전물이 보이지 않는 색이 연한 피노 누아나 화이트와인 등은 디캔팅을 하지 않아도 좋습니다.

와인에 따라 디캔터도 달라진다!

어떤 디캔터가 좋은 디캔터일까요? 디캔터는 용도와 디자인에 따라 매우 다양한 모양을 하고 있습니다. 대체로 산소의 유입이 많이 필요한 영 와인은 되도록 목이 넓은 것을 사용하는 것이 좋고, 산소와 접촉이 많이 필요하지 않은 올드 와인은 목이 좁은 것을 사용하면 좋답니다.

목이 넓은 디캔터

목이 좁은 디캔터

단, 오래 묵은 와인은 산소와 장시간 접촉시키는 것을 되도록 삼가야 하므로 마시기 조금 전에 디캔팅을 하는 것이 좋답니다. 장기숙성된 와인은 이미 병 속에서 산화가 진행되었기 때문에 산소를 더 접촉시키게 되면 산화가 급속히 진행되어 맛을 해칠 수 있기 때문입니다.

잠깐만요

디캔팅이 어렵다면 대신 스월링을!

디캔터는 비싸기도 하거니와 번거롭기도 해서 와인을 마실 때마다 디캔팅을 할 수는 없는 노릇입니다. 디캔터를 이용하지 않고 간단하게 와인 브리딩을 할 수 있는 방법으로는 스월링(Swirling)이 있습니다. 스월링은 와인을 글라스에 따른 후 몇 차례 둥글게 돌려주는 행동을 말합니다. 와인잔을 흔들어 공기와 접촉하는 면을 크게 만들어서 향을 발산시키는 것이 스월링의 원리이지요.

—26—

와인의 눈물,
마랑고니 효과

와인이 흘리는 눈물

스월링을 하다 보면 와인이 글라스의 안쪽 표면에 묻어 점액처럼 서서히 맺히다 흘러내리는 현상을 볼 수 있습니다. 이를 '와인의 눈물(Tears)'이라고 하지요. 다른 말로는 '와인의 다리(Legs)' 또는 '와인 아치(Arches)'라고도 합니다.

화학적으로 볼 때 와인은 물과 알코올의 혼합물입니다. 그런데 물과 와인은 증발률과 표면장력이 다르기 때문에, 따로따로 있을 때와 달리 섞여 있으면 부자연스러운 형태를 보이게 됩니다. 좀더 자세히 살펴볼까요?

스월링을 통해 와인글라스 표면에 형성된 와인 막은 매우 얇으니까 액체의 증발도 활발해지겠죠? 그런데 알코올은 물보다 빨리 증발하는 성질이 있기 때문에 공기와 접촉하는 막의 표면은 알코올보다 물의 함량이 훨씬 많아지게 됩니다. 물은 알코올보다 표면장력이 크기 때문에, 표면장력이 극대화되면서 물방울이나 눈물처럼 맺히게 되고요. 이렇게 맺힌 방울들이 흘러내리는 건 중력에 따른 당연한 이치겠지요. 이러한 현상을 마랑고니(Marangoni) 효과라고 합니다.

와인의 눈물

♦ **와인의 눈물 감상하기**
와인의 눈물을 보다 잘 감상하고 싶은 분들은 글라스를 될 수 있는 한 깨끗이 하고, 잔을 충분히 흔들어서 잔 내부의 습도를 어느 정도 유지해 주는 것이 좋습니다.

'와인의 눈물'이 잘 만들어질수록 알코올 도수가 높다

재미있는 것은 와인의 눈물을 통해 와인 속에 내포된 알코올의 함량 정도를 판단할 수 있다는 것입니다. 알코올 함량이 높을수록 와인의 눈물이 글라스 벽면을 타고 천천히 흘러내리는 반면, 알코올 함량이 낮을수록 물처럼 빨리 흘러내리거나 아예 '눈물'이 형성되지 않고 얇은 점막만 생기는 경우가 많습니다. 이는 알코올 함량이 높은 와인일수록 글라스 벽에 형성된 와인 막의 안쪽과 바깥쪽의 농도 차이가 커져 마랑고니 현상이 더욱 두드러지기 때문입니다.

또한 스위트한 와인일수록 유독 눈물이 눈에 띄는 이유는 당분 때문에 와인의 점도가 높아서입니다. 알코올 함량과 별도로 이렇게 와인의 점성이 높아 입 안에서 묵직한 느낌을 주는 것을 '바디감이 무겁다'(Bodied) 또는 '풀바디하다'(Full-bodied)라고 표현합니다.

여기서 유의해야 할 것은, 와인의 눈물로 와인의 일부 특성을 파악하거나 유추해 볼 수는 있지만 눈물의 유무나 그 정도만으로 와인의 품질을 예단하는 것은 금물이라는 점입니다.

와인은 무조건 오래된 것이 최고?!

와인도 전성기가 있다!

흔히 와인은 오래 묵혀야 제맛이라고들 하지요. 하지만 빈티지가 오래된 와인이라고 무조건 좋은 와인이 아니며, 무조건 오래 보관한다고 해서 좋은 와인이 되는 것도 아닙니다.

와인은 장기숙성이 가능한 주류임에는 틀림없지만 모든 와인에 해당되는 사항은 아닙니다. 일반적으로 와인은 저마다 자라온 환경이 다르기 때문에 최적의 조건에서 보관하고 제때 마셔야 최고의 맛을 제대로 즐길 수 있습니다.

와인에 따라 다르지만 보통 가벼운 타입의 화이트와인은 수확 후 1~2년 안에, 가벼운 타입의 레드와인은 2~3년 안에 마시는 것이 가장 좋으며, 오크 숙성을 거친 바디감이 있는 화이트와인일 경우 3~5년 이내, 레드와인은 3·7년 이내에 마시는 것이 좋습니다. 이보다 더 오랜 기간 맛이 유지되기도 하지만 신선하기보단 한풀 꺾인 노년에 다다른 맛이 나올 수도 있습니다. 전성기를 지나 한풀 꺾인 와인은 시큼한 맛이나 좋지 않은 가죽 냄새, 곰팡이 냄새가 많이 나지요.

습도, 온도, 빛에 민감한 와인

장기숙성이 가능한 고가의 와인은 5년 이후에야 제맛이 나는 경우가 많습니다. 10년 이후까지도 맛이 유지되며, 때로는 그 이상 유지되는 경우도 많이 있지요. 하지만 이처럼 맛이 유지되기 위해서는 반드시 보관조건이 완벽하게 갖추어져 있어야 합니다. 무진동, 적당한 온도와 습도, 빛 차단 등의 까다로운 조건을 만족시켜야 하지요. 그래서 와이너리에서는 '카브*'라는 지하동굴에 와인을 보관합니다. 아무리 좋은 와인이라도 까다로운 보관조건이 갖춰지지 않으면 산화가 진행되어 와인이 아닌 식초로 변해 버립니다.

✦ 카브(Cave)
와인을 저장하는 지하동굴을 말합니다. 일반적으로 13~15도 내외의 일정한 온도와 75~85%의 일정한 습도를 유지하지요.

와인 셀러

적당한 보관용기가 없다면 가급적 빨리 마셔야!

와인 전용 셀러(Cellar)가 없는 일반 가정에서 평범한 진열장에 보관한다면 10년, 20년 장기숙성은 말할 것도 없고 단 며칠도 보관하기 힘들다고 할 수 있습니다. 와인 속에 살아 있는 효모는 시간이 지날수록 맛의 변화를 일으키는데, 주변 온도가 자주 변하거나 직사광선에 노출되면 효모가 성질을 부려 맛을 변질시키지요. 바로 마실 수 없다면 햇빛이 닿지 않고 덥지 않은 곳, 온도변화가 거의 없고 진동이 없는 곳을 찾아 눕혀서 보관할 것을 권합니다. 무엇보다 온도 변화가 심하지 않은 곳에 보관하는 것이 중요하지요. 단 며칠이라면 냉장고에 넣어도 괜찮고요.

하지만 개인이 와인을 구매한 경우에는 오래 보관하기보단 가급적 빠른 시일 내에 마시는 것이 최고의 맛을 즐길 수 있는 방법입니다. 또한 이것이 와인에 대한 예의라 할 수 있지요.

와인을 숨쉬게 하는
코르크

코르크 마개

흔히 와인은 '숨을 쉰다'고 말합니다. 일단 병입된 와인이 숨을 쉬기 위해서는 반드시 코르크 마개가 필요합니다. 다공성 재질의 코르크는 극소량의 공기 유입은 가능하지만 신축성이 강해 이물질은 물론 다량의 공기 유입을 막아주는 기능을 가지고 있지요. 그외에도 코르크는 단열과 탄력성이 뛰어나 병마개로는 더할 나위 없는 재료라고 할 수 있습니다.

코르크나무는 주로 스페인, 포르투갈, 이탈리아, 알제리 등 지중해 연안에서 자라는데, 특히 포르투갈은 전세계 코르크 생산량의 50%를 차지할 정도로 많은 양의 코르크를 생산하고 있습니다. 참고로 코르크나무의 평균수명은 약 200년이라고 합니다.

와인의 마개가 처음부터 코르크는 아니었다?

2,000년이 넘는 와인 역사를 자랑하는 유럽에서도 코르크 사용은 17세기 무렵에야 시작되었습니다. 그 이전에는 가죽으로 만든 가방을 사용하거나 유리병에 와인을 넣고 헝겊이나 촛농을 이용해 밀봉했지요. 우리 부모 세대들이 과일주를 담글 때 하던 방법처럼요. 그러다가 프랑스 샹파뉴 지방의 동 페리뇽 수도사가 스파클링 와인을 만들면서 스페인산 코르크를 사용했습니다. 코르크는 오크의 일종인 코르크 참나무의 나이가 평균 25년 이상 되면 껍질을 벗겨서 만듭니다. 그렇게 껍질을 벗겨내도

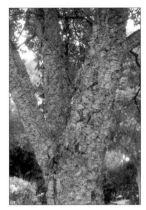

코르크 주재료인 코르크 참나무

매년 새로운 층이 생겨 9~10년에 한 번씩은 코르크용 재료를 채취할 수 있습니다. 반복 채취할 경우 두 번째까지는 다소 품질이 떨어지지만 그 이후로는 양질의 코르크가 생산된다고 합니다.

코르크보다 안전한 마개, 스크류캡

천연재료인 코르크에 비해 합성수지 마개는 저가 와인에 널리 사용되고 있습니다. 그런데 뉴질랜드와 호주를 중심으로 스크류캡(Screw Cap)이 점차 고가 와인으로 사용범위를 넓혀가고 있습니다. 스크류캡은 코르크보다 안전성이 높고 코르키화*가 적다는 과학적인 연구결과 덕분에 더욱 인기를 끌고 있습니다. 호주의 유명 와이너리인 펜폴즈(Penfolds)나 헨쉬키(Henschke)에서 생산하는 수십만원의 고가 와인들도 스크류캡을 사용하고 있지요.

◆ 코르키(Corky)화
프랑스어로 '부쇼네'(Bouchonne)라고 하는데, 코르크에 박테리아가 침입해 와인의 맛이 변하는 현상을 말합니다. 코르키화에 대한 자세한 설명은 29장을 참고하세요.

입지가 좁아지고 있는 코르크 마개

와인을 오래 묵히지 않고 생산된 지 5년 이내에 마시는 경향이 전세계적으로 확산됨에 따라 코르크의 입지는 더욱 좁아지고 있습니다. 코르크 사용이 줄어 코르크의 원료인 오크나무숲도 점차 줄고 있다고 하지요. 하지만 아직도 프랑스 와인을 비롯해서 고가의 와인들은 '숨쉬기'에 대한 집착과 코르크 질감에 대한 낭만 때문에 여전히 코르크를 고집하고 있습니다. 또한 스크류캡을 사용하면 산소 부족으로 인해 와인의 풍미가 감소한다는 주장이 제기되기도 했고, 스크류캡을 사용한 와인이 장기숙성 후 어떤 결과를 나타낼지에 대해서도 논란의 여지가 있습니다. 생산자들은 물론이고 와인 애호가들 사이에서도 포일을 벗겨내고 스크류를 돌려 조심스럽게 코르크를 따는 걸 즐기는

◆ 비노실(Vino seal)
스크류캡과 더불어 유리로 만든 비노실도 오랜 실험을 끝내고 점차 상용화되고 있는 추세랍니다.

(왼쪽부터) 코르크, 비노실*, 합성수지 마개, 스크류캡, 플라스틱 코르크

이들이 적지 않아, 과연 와인용 코르크가 역사의 뒤안길로 사라질지는 좀더 지켜봐야 할 것 같습니다.

코르크 마개 와인은 눕혀 보관하는 것이 좋다

나무껍질로 만드는 코르크는 내부에 미세한 구멍이 있어서 병 속으로 극소량의 산소를 공급하는 역할도 하지만, 일반적으로는 외부 공기를 차단하는 역할을 합니다.

와인병을 눕혀서 보관하는 이유도, 코르크를 적셔 철저히 외부 공기를 차단하기 위함입니다. 만약 와인병을 세운 채로 오래 보관했다면 코르크 끝부분이 말라 있겠죠? 코르크가 마르면 수축하기 때문에 병 속으로 외부 공기가 침투하기 쉬워집니다. 그만큼 변질될 확률도 높아지는 것이죠.

와인도 상할 수 있다!
부쇼네 현상

박테리아로 코르크가 상하면 와인도 상한다!

장기숙성을 요하는 와인의 경우 코르크의 존재는 더욱 중요합니다. 만약 와인을 숙성시키는 주변 환경이 건조해서 코르크가 수축되거나 코르크 자체의 품질이 좋지 않아 손상되면 와인에는 치명적일 수밖에 없죠. 따라서 와이너리에서도 장기보관해야 하는 와인들은 비정기적으로 코르크를 새것으로 교체해 주는 작업을 실시하고 있습니다.

변질된 코르크

코르크도 유기질이므로 얼마든지 변질될 수 있습니다. 와인을 봉한 코르크 자체가 상하는 것을 '코르크화되었다'고 하는데, 이를 프랑스어로 '부쇼네'(Bouchonné)라고 합니다.

와인을 오픈하고 나면 코르크의 상태를 먼저 확인해 보는 것이 좋습니다. 코르크의 상태로 와인의 변질 여부를 가늠해 볼 수 있기 때문이죠. 코르키화가 진행되면 코르크 자체에서는 물론 와인에서도 신문지 냄새 비슷한 곰팡내가 나게 됩니다. 곰팡내 말고도 코르크에 탄력이 없고 끝부분이 젖어 무른 경우가 많습니다. 와인이 품고 있던 고유한 과일향도 사라지고 밍밍한 맛으로 변하고 말지요. 실제로 시중에 유통되고 있는 와인 중에서도 코르키화를 심심찮게 찾아볼 수 있습니다.

곰팡이가 보인다고 모두 부쇼네 현상은 아니다!

포일을 뜯었을 때 끓어오른 흔적이 없고 코르크 마개 윗부분에 곰팡이 흔적이 발견되는 경우도 있는데, 이는 와인을 보관하는 중에 습도가 올라가면 생겨나는 현상으로 코르키화와는 다릅니다. 오히려 보관이 잘 된 와인으로 볼 수도 있죠. 또 코르크 끝부분에 돌가루 같은 알갱이들이 붙어 있는 경우도 있는데, 이는 주석(酒石)이라고 하는 결정으로, 역시 코르키화와는 상관없는 것입니다.

주석

상하지 않은 와인을 고르려면 와인 병목의 포일을 돌려보고 잘 돌아가는지 확인합니다. 끓어올랐을 경우 당분에 의해 포일이 병에 붙어 있을 수 있습니다. 또한 포일 제기 후 코르크의 냄새를 맡아보아 신문지 냄새 비슷한 곰팡이 냄새가 나는지 확인합니다.

— 30 —

아무나 가질 수 없는 이름,
샴페인

앞쪽에서도 간략하게 설명을 드렸지만 샴페인은 프랑스의 샹파뉴 지방에서 만드는 스파클링 와인을 뜻하는 고유명사입니다. 같은 프랑스에서 만들어지는 스파클링 와인이어도 샹파뉴 지방이 아니면 크레망(Cremant)이나 뱅 무쉐(Vin Mousseux)라고 부르며 이탈리아에서는 스푸만테(Spumante), 스페인에서는 카바(Cava), 독일에서는 젝트(Sekt) 등으로 불립니다.

블렌딩의 예술, 샴페인

기포가 있고 샹파뉴 지역에서 만들어진다고 다 샴페인은 아닙니다. 샴페인이라 불리려면 정해진 품종을 사용해야 하죠. 샴페인이 만들어지는 샹파뉴 지역은 선선한 기후 조건으로 인해 보르도의 대표 품종인 카베르네 쇼비뇽보다는 피노 누아*와 샤르도네 품종

✦ 피노 누아와 샤르도네는 21장에서 자세히 설명합니다.

이 자라기에 더 적합합니다.

때문에 샴페인을 만드는 데 사용되는 품종도 피노 누아, 샤르도네, 피노 뫼니에(Pinot Meunier)*에 국한되어 있습니다. 흔히 샴페인의 색이 화이트와인과 비슷해 청포도 품종만으로 만들 것이라 생각하는데 레드와인 품종인 피노 누아와 피노 뫼니에 역시 샴페인을 만드는 주 품종입니다. 적포도는 껍질을 벗겨 사용하는데 풍부한 과일 향과 깊은 맛을 더해주지요.

또 하나 샴페인의 큰 특징 중 하나가 바로 블렌딩입니다. 다른 품종의 포도를 블렌딩할 뿐 아니라 여러 해에 생산한 포도를 섞어 만듭니다. 이것이 복잡미묘한 샴페인 맛의 비결이기도 하고요. 그래서 샴페인에는 빈티지가 없는 경우가 많습니다.

◆ 피노 뫼니에(Pinot Meunier)
프랑스 상파뉴 지방에서 재배되며 샴페인에 주로 사용되는 적포도 품종입니다. 추운 날씨에도 잘 자라고 블렌딩할 때 과일 향과 산도를 높여주지요.

동 페리뇽 샴페인

샴페인만을 위한 '샴페인 제조 방식'

또한 샴페인이라 불리기 위해서는 '샴페인 방식(Méthode Champenoise)'에 따라 만들어져야 합니다. 샴페인 방식이란 포도즙의 1차 발효와 블렌딩 과정을 거친 후 병 속에서 2차 발효를 시켜 이산화탄소 기포를 만드는 것을 말합니다. 먼저 스틸 와인을 만들어 병입한 후 효모를 넣고 한 번 더 발효시키는 두 단계의 과정을 거치는 것이지요. 효모 발효 과정을 통해 자연스럽게 샴페인의 꽃인 기포(CO_2)가 생겨나는 것이고요.

이처럼 상파뉴 지역에서 정해진 품종을 이용해 샴페인 방식으로 만들어진

샴페인 셀러

기포가 있는 와인에만 '샴페인'이라는 이름을 가질 자격이 주어집니다. 샴페인(Champagne)이란 단어는 1891년 마드리드 조약과 1919년 베르사유 조약에 의해 프랑스 상파뉴 지역에서 만들어지는 스파클링 와인에 한해서만 사용할 수 있도록 보호받고 있습니다. 더불어 1994년 이후에는 'Méthode Champenoise'라는 단어조차도 사용할 수 없게 되었지요. 따라서 현재 대부분의 스파클링 와인 생산자들은 레이블에 샴페인의 제조 방식에 따라 만들어진 스파클링 와인을 설명할 때 'Méthode Traditionnelle', 'Méthode Classique'라는 단어를 사용하고 있습니다.

전통을 쌓아 올리는 샴페인 하우스

샴페인

샴페인을 만드는 생산자를 샴페인 하우스 또는 메종 드 샴페인(Masion de Champagne)이라 부릅니다. 보르도의 샤토, 부르고뉴의 메종과 같은 역할이라 보면 됩니다. 샴페인 하우스들은 자기 소유의 포도밭을 운영하기도 하지만 대부분이 소규모 개인 포도밭에서 포도를 구매하는 경우가 많습니다. 하지만 같은 마을의 동일 포도 품종으로 만들더라도 특유의 블렌딩이나 발효 비법을 통해 각 샴페인 하우스만의 개성 있는 샴페인을 만들고 있지요.

샴페인의 분류

빈티지	Non Vintage(논 빈티지)	여러 해에 수확하여 만들어진 원액을 블렌딩해 레이블에 빈티지를 표기하지 않는 샴페인을 뜻합니다. 법적 숙성 기간은 12개월이나 대부분 18~30개월인 경우가 많습니다.
	Vintage(빈티지)	레이블에 표기된 해당 수확 년도에 수확한 가장 좋은 포도로만 만들어진 샴페인입니다. 품질이 좋고 대부분 고가의 가격대를 형성하고 있지요. 법적 숙성 기간은 36개월이나 실제로는 그 이상 숙성 후 판매하는 경우가 많습니다.
품종	Blanc de Noirs (블랑 드 누아)	blanc은 화이트, noir은 검다는 뜻이지요. '블랙으로 만든 화이트'라는 뜻으로 레드와 화이트 포도 품종을 블렌딩해 만든 샴페인이라는 의미입니다.
	Blanc de Blancs (블랑 드 블랑)	'화이트로 만든 화이트'라는 의미로 화이트 품종인 샤르도네만을 사용해 만든 샴페인을 일컫습니다.
당도 (잔당)	Extra Brut(엑스트라 브뤼)	리터당 6그램 이하(가장 드라이하다)
	Brut(브뤼)	리터당 12그램 이하
	Extra Dry(엑스트라 드라이)	리터당 12~17그램
	Sec(섹)	리터당 17~32그램
	Demi-sec(드미 섹)	리터당 32~50그램
	Doux(두)	리터당 50그램 이상(가장 스위트하다)
생산자 표기	NM (Négociant Manipulant, 네고시앙 마니쀨랑)	네고시앙은 제조자란 뜻으로 대형 샴페인 하우스가 이 표기를 사용하며 포도를 사들여 샴페인을 만들었다는 의미입니다.
	CM(Coopérative de Manipulation, 코페라티브 드 마니쀨라시옹)	협동조합에서 만들었다는 뜻으로 조합원들이 수확한 포도로 샴페인을 만들었다는 의미입니다.
	RM(Récoltant Manipulant, 레콜탕 마니쀨랑)	부르고뉴의 도메인과 같은 의미로 자신이 재배하고 수확한 포도로 샴페인을 만든 것을 뜻하며, 최대 5% 정도는 사온 포도를 사용하는 것도 가능합니다.
	RC(Récoltant coopérateur, 레콜탕 코페라퇴르)	협동조합 CM처럼 협동조합에 의해 만들지만 판매는 각사 자신들의 레이블로 하는 샴페인을 의미합니다.
	MA(Marque Auxiliaire or Marque d'Acheteur, 마르크 옥실리에르 마르크 다슈퇴르)	브랜드 샴페인과 달리 대형 유통(코스트코, 이마트 등)사의 이름이 표기되거나 개인의 제작 요구로 생산되는 것을 의미합니다.

대표적인 샴페인 하우스로는 모에 샹동(Moët & Chandon)이나 뵈브 클리코 (Veuve Cliquot), 크뤼그(Krug), 볼랭저(Bollinger) 등을 들 수 있습니다.

샴페인 하우스들은 A.O.C를 규제하는 기관 이외에 상파뉴 지역 내 기관 인 국제 샴페인 위원회(CIVC)의 통제를 받습니다. 샴페인 제조에 관한 모든 것을 스스로 통제하며 그 전통을 이어가고 있는 것이지요.

31

곰팡이에 말라비틀어진
포도가 대접받는다!
귀부 와인

새콤달콤 스위트 와인의 비결은 곰팡이?

말라비틀어져 쭈글쭈글한데다 곰팡이까지 하얗게 피어 있는 포도만 모아서 와인을 만든다면 과연 누가 마실까요? 소비자고발 프로에 나온 얘기냐고요?

천만의 말씀! 세계에서 가장 비싼 스위트 와인을 만드는 재료가 바로 곰팡이 피고 말라비틀어진 포도 알맹이랍니다. 이렇게 곰팡이가 핀 포도로 만드는 와인을 '귀부 와인'이라고 하는데요. 귀부(貴腐)는 '귀하게 썩었다'(Noble Rot)라는 뜻이지요. 곰팡이가 잘(?) 앉아야 더 좋은 품질의 귀부 와인이 만들어진답니다. 귀부병에 걸린 포도 열매만 선별 수확해서 만들기 때문에 귀부 와인은 대체로 값이 비싸다는 단점이 있지요.

귀부병은 보트리티스 시네레아(Botrytis Cinerea)라는 곰팡이균이 포도껍질에 기생하면서 포도를 말라비틀어지

보기에는 좀 그렇지만 탱글탱글 잘 여문 포도보다 훨씬 비싼 와인 원료라는 사실!

게 만드는 병입니다. 귀부병에 걸린 포도는 포도 과육의 수분이 다 증발해 버려 건포도처럼 쭈글쭈글해지지요. 결과적으로 포도 열매 안에는 고농축 천연 당분만 남게 되고요. 이렇게 만들어진 고농축 당분은 와인의 발효가 다 끝난 후에도 일정량 남아 달콤한 맛을 내게 됩니다.

곰팡이 포도, 늦게 돌아온 전령 덕분!

최초로 귀부 와인이 만들어진 곳은 헝가리지만, 본격적으로 귀부 와인이 생산된 곳은 독일입니다. 중세 독일에서는 주교의 허락이 있어야만 와인용 포도의 수확을 시작할 수 있었다고 하는데요. 독일 라인가우(Rheingau) 지역에 있는 슐로스 요하니스베르그(Schloss Johannisberg)라는 와이너리에서 포도 수확을 허락받기 위해 주교에게 전령을 보냈는데 중간에 사정이 생겨 무려 3주 후에야 돌아왔다고 합니다. 수확시기가 한참이나 지난 포도 알맹이들은 이미 말라비틀어지고 곰팡이로 잔뜩 뒤덮여 있었지요. 어쩔 수 없이 말라비틀어진 포도로 와인을 만들었는데, 의외로 그 와인이 큰 인기를 끌게 되었다고 합니다. 이렇게 해서 만들어진 와인을 독일어로 스패트레제(Spatlese)라 불렀는데, 이는 '늦수확'(Late harvest)이라는 뜻입니다.

귀부 와인의 종결자, 샤토 디켐

귀부병을 일으키는 곰팡이는 낮에는 더우면서 건조하고, 새벽에는 서늘하면서 습한 기후에서 잘 번식하는데요. 프랑스 보르도 남동쪽에 위치한 소테른(Sauternes) 마을은 눈앞의 가론강과 옆구리로 흘러내리는 시론강에 둘러싸여 포도가 귀부병에 걸리기 딱 좋은 환경이랍니다.

바로 이 마을에서 '스위트 와인의 왕', '귀부 와인의 종결자'라고 칭송받는 샤토 디켐(Château d' Yquem)이 생산되지요. 포도를 전부 손으로만 수확하고, 작황이 좋지 않은 해에는 아예 와인을 만들지 않는 곳으로도 유명합니다. 독특한 벌꿀향과 신선한 산미를 간직한 이 최고급 스위트 와인은 포도나무 한 그루에서 한 잔 정도밖에 생산되지 않을 정도로 농축된 맛을 자랑하지요. 50년 이상 장기숙성이 가능해 각종 경매에 자주 등장하기도 합니다.

귀부 와인의 종결자 샤토 디켐

시간이 지날수록 점점 더 짙어지는 귀부 와인!

생산된 첫해의 귀부 와인은 마치 황금물결이 넘실거리듯 맑게 빛나는 황금색 혹은 호박색을 띱니다. 하지만 시간이 흘러 숙성이 진행될수록 점점 더 진한 색으로 변하게 되지요. 숙성될수록 점점 연한 빛깔로 바뀌는 레드와인과는 반대입니다. 귀부 와인은 초기의 노란색에서 점차 진한 황금색으로, 숙성이 많이 진행되면 아예 검은 갈색으로까지 변모합니다. 하지만 색깔이 검어졌다고 해서 와인이 상한 것은 절대 아닙니다. 오래 숙성된 귀부 와인은 산전수전 다 겪은 세월의 오묘한 맛이 묻어나오거든요.

제아무리 '귀하게 썩었다'지만 썩은 재료로 와인을 만들었다는 사실에 거부감이 느껴진다고요? 우리나라 식탁에서 가장 기본이 되는 갖가시 장을 만드는 재료인 메주 역시 곰팡이 덕분에 맛을 얻게 된다는 사실을 상기해 보세요.

32

차갑게 마시는
아이스 와인

귀부 와인을 본격적으로 생산한 것으로 유명한 독일 라인가우에 위치한 와이너리 '슐로스 요하니스베르그'에서 19세기에 새롭게 만든 특별한 와인이 있으니, 바로 아이스바인(Eiswein), 즉 아이스 와인(Ice Wine)입니다.

얼린 포도로 만든 아이스 와인

아이스 와인은 12월 말경 포도가 얼 때까지 기다렸다가 영하 7도 정도에서 꽁꽁 언 포도를 수확해서 만듭니다. 포도 알맹이의 수분은 얼고 당분은 그대로 남은 상태에서 압착해 수분을 제거하고 와인을 만들기 때

꽁꽁 언 포도로 만드는 아이스 와인은 풍부한 단맛을 가지고 있습니다.

문에 귀부 와인과 마찬가지로 달콤한 와인이 만들어지는 것이죠. 이런 추운 환경이 포도에 높은 산도를 형성하게 해 좋은 아이스 와인일수록 풍부한 단맛과 함께 균형 잡힌 산도를 제공합니다. 또한 추운 겨울의 냉동 건조 효과를 통해 묘한 풍미가 더해져 더욱 깊은 향과 맛을 내지요.

좋은 아이스 와인은 단맛의 끈적임을 산뜻하게 마무리해 주는 산도를 갖고 있습니다. 아이스 와인은 여느 스위트 와인과 마찬가지로 차갑게 해서 마시는 것이 좋으며, 식후에 디저트와 함께 마시거나 푸른곰팡이 계열의 블루치즈를 곁들이면 최상의 마리아주를 즐길 수 있습니다.

아이스 와인의 양대산맥 독일과 캐나다

원래 아이스 와인의 원조는 독일이지만, 최근에는 캐나다가 최신시설을 도입하고 과학적 양조기술을 적용해 독일 아이스 와인을 능가하는 고품질의 와인을 만들어내 각종 품평회에서 와인 전문가들로부터 호평을 받고 있습니다. 독일과 함께 아이스 와인의 양대산맥을 형성하는 나라가 된 것이죠. 대표적인 아이스 와인으로는 독일의 에곤 뮐러(Egon Müeller)와 캐나다의 이니스킬린(Inniskillin)을 들 수 있습니다.

또한 미국, 호주 등 일부 국가에서는 포도를 강제로 얼려서 아이스 와인을 만드는 경우노 있지요. 그래서 독일

독일의 아이스바인

과 캐나다 능에서는 수확 시 온도, 포도 당분 함유량 등 엄격한 조건을 만족시키는 제품에만 아이스바인, 혹은 아이스 와인이라는 명칭을 사용할 수 있도록

규정하고 있습니다.

캐나다의 아이스 와인

　독일산 아이스 와인과 캐나다산 아이스 와인은 다소 차이가 있는데요. 우선 사용되는 포도 품종이 다릅니다. 독일에서는 대부분 리슬링(Riesling) 품종을 사용하지만, 캐나다에서는 비달(Vidal)을 비롯해서 카베르네 프랑, 샤르도네를 사용하고, 특히 최근에는 쉬라즈 같은 레드와인용 품종까지 이용하고 있습니다.

　다음으로 두 나라의 아이스 와인은 알코올 도수에서 차이가 있습니다. 독일의 아이스 와인, 즉 아이스바인은 알코올 도수가 6도 정도로 낮은 편이지만, 캐나다 아이스 와인의 알코올 도수는 8~13도까지 고루 분포되어 있습니다. 두 나라 아이스 와인의 알코올 도수가 다른 이유는 무엇보다 기후조건 때문입니다. 위도상으로는 비슷하지만 변덕이 심한 독일의 기후와 달리 캐나다는 매년 일정한 기온을 유지합니다. 말하자면 캐나다가 더 높은 당분의 포도를 생산하기에 적합하다는 말이지요. 알코올은 당분이 발효돼서 생기는 성분인 만큼 포도에 당분이 많으면 당연히 알코올 도수도 올라가겠죠?

— 33 —

취하고 싶을 때 마시는 와인,
주정강화 와인

와인에 브랜디를 첨가해 알코올 도수를 높인 것을 주정강화 와인이라고
합니다. 일반 와인의 알코올 도수가 12~15도 정도인 데 비해 알코올 도수가
18도 이상인 주정강화 와인은 사실 우연히 탄생하게 되었답니다. 호사스러운
주정강화 와인의 풍부한 아로마와 맛의 탄생 비밀을 벗겨볼까요?

적도의 선물, 주정강화 와인의 탄생 비화

프랑스인 못지않게 와인을 즐겨 마시는 영국인! 와인을 유럽에 정착시킨
민족이 로마인이라면, 영국인은 전세계에 와인을 전파시킨 민족 중 하나이
지요.

식민지 개척시대에 세계 각지로 흩어진 영국인들은 포도를 재배해서 와인
을 만들어 자국으로 보내는 경우가 많았습니다. 하지만 배에 실어 본국으로

보내는 중에 적도를 지나면 고온과 열로 인해 와인의 품질에 이상이 생기곤 했지요. 수많은 시행착오를 겪으며 와인의 변질을 막을 방법을 찾던 중 알코올 도수가 높은 브랜디*를 첨가하면 발효가 중지되고 와인의 품질이 보존된다는 사실을 깨닫게 되었습니다. 주정강화 와인은 이렇게 해서 생겨났습니다.

◆ 브랜디(Brandy)
브랜디와인(Brandywine)의 줄임말로 포도주를 증류하여 알코올 성분이 강한 술을 말합니다.

주정강화 와인은 알코올을 첨가하는 시기에 따라, 또는 포도 품종에 따라 드라이한 타입에서 스위트한 타입까지 다양한 종류가 있습니다. 보통 '세계 3대 주정강화 와인'이라 하면 포트(Port), 셰리(Sherry), 마데이라(Madeira)를 꼽습니다.

포르투갈 최고의 수출품, 포트 와인

백년전쟁에서 프랑스에 패한 영국이 보르도 지역을 빼앗기고 새로운 와인 공급처를 찾기 위해 향한 곳이 지금의 포르투갈이었습니다. 하지만 무더운 날씨로 인해 운송 도중 와인이 식초처럼 변하곤 했지요. 이에 영국인들이 와인에 순도 높은 알코올을 인위적으로 첨가해 발효를 중지시킨 포트(Port) 와인이 생겨났습니다. 당시 포르투갈 도루강(Douro river) 하구에 있는 아름다운 항구인 오포르토(Oporto)에서 와인을 선적했기 때문에 포트(Port)라는 이름이 붙게 되었답니다.

초콜릿과 잘 어울리는 포트 와인

포트 와인은 주로 토우리가 나시오날(Touriga Nacional)이라는 포르투갈 도루 지방의 토착품종을 이용해서 만드는데, 발효 중 순도 75~77%의 브랜디를 첨가해 발효를 중지시킵니다. 발효가 덜 끝나 와인 속에 잔당이 많이 남아 단맛이 나는 것이지요. 병 또는 캐스크*에 따른 숙성과정과 숙성 시기의 차이로 다양한 종류의 포트 와인이 만들어집니다. 포트 와인은 오크통에서 최소 2년에서 50년 이상 숙성합니다. 달콤한 맛이 강한 포트 와인은 초콜릿과 가장 잘 어울리는 와인이기도 하지요.

◆ 캐스크(Cask)
와인을 숙성시키기 위해 사용하는 큰 나무통을 말합니다.

포르투갈 화산섬의 숙성 와인, 마데이라

포르투갈의 또 다른 주정강화 와인인 '마데이라(Madeira)'는 아프리카 연안에 위치한 포르투갈령 작은 화산섬의 이름입니다. 바로 이 섬이 대항해시대에 포르투갈의 대서양 경유지로 이용되면서 와인산업과 와인 전파의 교두보 역할을 겸하게 된 것이죠.

그런데 운송과정에서 온도가 상승하면서 상한 줄 알았던 와인이 오히려 독특한 맛과 향을 지니게 된 것을 발견하게 됩니다. 마데이라는 다른 주정강화 와인처럼 브랜디를 첨가하는 것은 같지만 45도 이상의 고온 숙성을 거친다는 점이 특별하지요. 최근에는 고온 숙성 과정을 위해 에스투파젬(Estufagem)이라는 와인 가열 방식과 칸테이로(Canteiro)라는 다락방 방식이 이용됩니다. 에스투파젬은 에스투파(Estufa)라는 가열 장비를 이용해 와인을 스테인레스통에 담고 40~50도 사이의 온수가 구리관을 타고 흐르게 해 와인을 3~6개월 징도 가열 숙성시키는 방식이며, 칸테이

가열로 에스투파

로는 태양 때문에 뜨거워지는 다락방에서 수년간 천천히 자연 숙성시키는 방법으로 주로 고가의 마데이라에 사용됩니다.

마데이라 역시 지역 토착품종을 이용해서 만드는데, 포트 와인과 달리 주로 화이트용 품종이 사용됩니다. 품종에 따라 다양한 종류의 와인이 만들어지며, 대개는 순도 95%의 브랜디를 첨가하게 됩니다. 다른 주정강화 와인과 달리 마데이라는 3~6개월간 가열숙성시키므로 누른 냄새 같은 마데이라 특유의 아로마가 형성되고, 이후 여러 해에 만든 와인을 블렌딩하는 솔레라*라는 숙성과정을 거쳐 나옵니다.

◆ 솔레라(Solera)
셰리 와인을 블렌딩하는 스페인의 전통 방법입니다. 일정한 맛과 품질을 유지하기 위해 숙성 정도에 따라 오래된 와인에 최근에 만든 와인을 섞어주는 것입니다.

스페인의 화끈한 주정강화 와인, 셰리

포르투갈에 포트와 마데이라가 있다면, 이웃한 스페인에는 셰리(Sherry)라고 하는 대표적인 주정강화 와인이 있지요. 이 와인은 스페인 남부 안달루시아 지방에 있는 헤레즈(Jerez) 지역에서만 생산되는데요. 포트 와인이 스위트한 타입인 반면, 마데이라와 셰리는 스위트에서 드라이까지 다양한 타입으로 만들어집니다.

발효 중간에 브랜디를 첨가하는 포트 와인과 달리 셰리는 발효 중간에 섞기도 하고, 발효가 다 끝난 시점에 첨가하기도 합니다. 전자는 포트와 마찬가지로 스위트한 맛의 셰리가 만들어지고, 후자는 드라이한 셰리가 만들어집니다. 셰리 역시 청포도 품종으로 만들어지며 솔레라라는 독특한 과정을 거쳐 장기간 오크 숙성을 하게 됩니다.

돈이 있어도 사기 힘든
컬트 와인

'숭배'를 뜻하는 라틴어 쿨투스(Cultus)에서 파생된 용어인 컬트(Cult) 와인은 딱히 정의를 내릴 수는 없지만, 특유의 개성을 담아 소수의 열광적인 지지를 기반으로 하여 생산되는 고품질의 와인을 의미합니다. 부티크 와인이나 창고(Garage) 와인이라고도 불리지요. 컬트 영화가 일반의 평가와는 관계없이 소수에게 열광적인 지지를 받듯, 컬트 와인도 소량의 고품질 와인으로 소수의 마니아들에게 열광적인 지지를 받고 있습니다. 와인산업에서도 무시 못할 신흥세력으로 주목받고 있지요.

창고에서 시작한 나만의 와인

애조에 헛산이나 작은 창고에서 만들어진 일명 '창고(Garage) 와인'이 회소성, 제한된 수량, 평론가들의 높은 점수 등을 기반으로 차츰 '컬트'라는 새로운 와인 트렌드를 만들어내기 시작했습니다. 창고 와인의 공통점은 '나만의 와인'을 만들기 위해 작은 차고나 헛간에서 소량으로 만들었다는 것입니다.

◆ 프랑스 포므롤 마을은 보르도에 위치한 가장 작은 포도원입니다. 자세한 내용은 37장의 〈잠깐만요〉를 참고하세요.

◆ 샤토
샤토(Château)는 프랑스어로 성(Castle), 대저택을 뜻합니다. 주로 보르도 지방에서 생산된 최상급 와인에 붙는 레이블을 말합니다. 자세한 내용은 61장을 참고하세요.

프랑스 포므롤(Pomerol) 마을*에서 벨기에 출신 티앵퐁(Thienpont) 일가가 운영하는 와이너리 '샤토* 르 팽'(Château Le Pin)이 창고 와인을 지금의 컬트 와인으로 승격시킨 시초라고 할 수 있습니다. 이후 전세계로 퍼져나간 창고 와인은 평론가는 물론 각종 평론기관으로부터 품질의 우수성을 인정받아 오늘날에는 엄연히 와인의 한 장르(?)로 승격되기에 이르렀습니다.

희소가치는 곧 재테크로 이어진다!

희소가치가 높은 컬트 와인은 애호가들은 물론 수집가들의 경쟁으로 인해 출시와 동시에 기하급수적인 가격상승이 이루어지곤 합니다. 마시기 위해서라기보다는 컬렉션이나 재테크를 위한 경쟁이라는 점이 일반 와인에 대한 수요와 다른 점이라고 할까요?

초창기의 창고 와인은 예술인, 금융인 등 사회적 지위와 경제력을 갖춘 이들이 개인의 욕구실현을 위해 만들었습니다. 하지만 이제 전문 와인제조가들의 조력과 신경영 기법 도입, 마지막까지 최고의 와인을 만들겠다는 고집과 철학 덕분에 독특한 컬트 와인 문화로 한 단계 업그레이드된 셈입니다.

돈이 있어도 살 수 없는 컬트 와인!

전세계적으로 컬트 와인 붐을 일으킨 스크리밍 이글 (Screaming Eagle)은 전통적인 와이너리 집안에서 만든 와인이 아니었습니다. 부동산업자였던 장 필립이 직접 와인을 만들어보고 싶다는 평소의 꿈을 실현하기 위해 캘리포니아 나파 지역에 적을 두고 소량생산한 와인이지요. 스크리밍 이글은 생산량이 극히 적었지만, 출시되자마자 저명한 와인 평론가 로버트 파커[*]로부터 최고의 찬사를 받으면서 순식간에 '돈이 있어도 살 수 없는' 선망의 대상이 됩니다.

스크리밍 이글

◆ 로버트 파커(Robert Parker)
세계적인 와인 평론가로 프랑스에서 최고의 영예인 레지옹 도뇌르 (Légion d'Honneur) 훈장을 받았으며, 와인의 품질을 100점 만점으로 점수화시킨 사람입니다. 로버트 파커의 한마디에 와인의 등급이나 가격이 바뀌기도 할 정도로 와인계에 큰 영향력을 미치는 사람이지요.

컬트 와인들은 대부분 소량만 생산합니다. 소량의 한정 생산으로 대중화를 거부하는 것이죠. 그로 인해 정상적인 유통망 안에서는 구입하기가 어렵고, 설령 구입한다 하더라도 이미 2~3차례 경로를 거친 경우가 많기에 가격이 하늘을 찌를 만큼 치솟아 있기 일쑤랍니다. 컬트 와인 생산자들은 주로 자체적인 메일링 리스트(구매자 명단), 소더비 경매나 크리스티 경매, 나파 밸리 옥션 등 비정상적인(?) 루트를 통해 와인을 판매합니다. 몇몇 고급 레스토랑에서 컬트 와인을 구비해 놓는 경우도 가끔 볼 수는 있지만요.

컬트 와인의 대명사 스크리밍 이글도 메일링 리스트에 이름을 올려야 구입이 가능한데, 구입 수량도 1인당 3병으로 제한되어 있습니다. 그것도 결원이 생기길 기다려야 겨우 구입할 수 있지요. 최근에는 수입사를 통해 국내에서도 소량 판매되고 있으므로 예약 주문하는 방법도 있습니다.

— 35 —

생산연도를 나타내는
빈티지

와인 빈티지란?

빈티지(Vintage)란 와인의 재료인 포도가 수확된 해를 말합니다. 와인은 오래될수록 좋은 거 아니냐고요? 아닙니다. 무조건 오래된 빈티지가 좋은 와인은 아니랍니다. 유럽은 하루에도 몇 번씩 날씨가 바뀔 정도로 변화무쌍한 기후로 유명하죠. 그러다 보니 해마다 수확되는 포도의 품질이 천차만별이고, 당연히 그에 따라 와인의 품질도 달라집니다. 그것이 같은 와이너리에서 생산되는 동일한 상표의 와인이라도 빈티지를 살펴야 하는 이유입니다. 와인의 품질은 가격에 직결되는 요소인 만큼 빈티지를 따지는

빈티지별로 와인을 저장 중인 프랑스 보르도 지방의 와이너리 지하창고 모습

것은 당연하다고 볼 수 있겠죠?

하지만 미국이나 칠레같이 기후조건이 비교적 일정한 지역의 와인들은 빈티지의 영향을 덜 받는 만큼 빈티지에 따른 가격 차이도 거의 없다고 보면 됩니다.

유럽 와인의 가격을 결정하는 빈티지

유럽에서 생산된 와인은 특히 빈티지에 따라 가격의 고저가 결정되는 경우가 많습니다. 그래서 와인 생산자나 와인 애호가들이 빈티지에 매우 민감한 것이죠. 예를 들어 프랑스 보르도 지방에서 생산되는 유명 샤토들의 2000

Region	Appellation/Type	2014	2013	2012	2011	2010	2009	2008	2007	2006	2005	2004	2003	2002	2001	2000
Bordeaux	Pomerol/Saint-Émilion	94	87	90	90	97	96	92	88	89	97	91	88	87	93	97
	Médoc	94	88	90	91	98	97	93	87	90	99	89	89	86	96	96
	Graves (red)	94	87	91	90	96	96	91	86	88	95	89	89	86	93	96
	Graves (white)	95	95	95	94	95	91	90	96	90	93	91	86	90	89	94
	Sauternes/Barsac	95	94	88	95	95	95	88	95	91	89	87	92	91	95	81
Burgundy	Côte de Nuits (red)	90	89	91	91	95	97	89	88	89	96	91	94	97	88	84
	Côte de Beaune (red)	90	88	90	92	94	95	91	87	90	95	90	93	96	88	84
	Chablis	94	90	95	94	96	95	91	91	91	95	92	87	95	93	89
	Côte de Beaune (white)	95	94	95	94	96	95	92	91	91	96	93	88	96	92	91
	Mâconnais	94	92	94	94	95	95	90	90	90	92	89	84	91	90	89
Beaujolais		94	89	89	92	93	95	90	87	90	92	91	90	87	87	84
Northern Rhône	Reds	87	88	92	91	95	95	86	87	91	94	87	93	83	92	90
	Whites	93	90	92	92	95	92	87	88	91	92	94	86	85	91	92
Southern Rhône	Reds	87	88	92	91	98	93	85	96	90	92	90	90	NR	93	90
	Whites	89	90	92	92	95	89	87	94	89	88	87	87	85	87	87
Loire	Dry Whites	95	90	94	92	94	94	91	92	88	94	91	89	92	88	84
	Sweet Whites	96	87	87	95	94	93	87	95	89	95	89	95	88	89	93
	Reds	95	88	93	93	89	93	88	89	88	93	88	90	88	89	93
Alsace		88	89	92	91	90	95	90	94	88	89	93	89	88	94	86
Champagne		93	NV	95	89	88	94	98	94	99	94	90	86	95	NV	88
Languedoc-Roussillon		88	90	89	90	92	92	90	91	91	87	88	90	84	92	90
Provence	Reds	92	89	89	90	89	91	90	94	90	87	87	90	85	90	91

A GENERAL GUIDE TO THE QUALITY & DRINKABILITY OF THE WORLD'S WINES

RATINGS
98-100 - Classic
94-97 - Superb
90-93 - Excellent
87-89 - Very Good
83-86 - Good
80-82 - Acceptable
NV - Not Vintage Year
NR - Not Rated

MATURITY
Hold
Can drink, not yet at peak
Ready, at peak maturity
Can drink, maybe past peak
In decline, maybe undrinkable
Not a declared vintage/no data

세계적으로 유명한 와인 평론가 로버트 파커가 만든 프랑스 와인의 빈티지 차트

년 빈티지의 경우 작황이 좋지 않았던 2002년에 비해 2배 이상의 가격으로 거래됩니다. 2005년산 역시 투자자들의 관심을 끌고 있지요.

빈티지 점수는 와인 평론가들이나 와인 전문 잡지 및 평가기관에서 매년 포도의 작황 자료를 수집하고 분석한 뒤 그에 합당한 점수를 부여해서 공표합니다.

전세계 와인 생산국에서 매년 빈티지 점수를 발표하지만, 와인 애호가들의 관심은 단연 프랑스 와인의 빈티지입니다. 프랑스를 비롯한 이탈리아, 스페인 등 유럽의 와인 생산자들은 매년 빈티지에 따라 희비가 교차합니다. 특히 프랑스 보르도 지방에서는 마을에 따라서도 다른 빈티지 점수를 매길 정도로 엄격한 평가를 내리고 있답니다.

다음은 프랑스 보르도에서 생산된 샤토 퐁테 카네(Château Pontet Canet)의 빈티지별 가격입니다.

샤토 퐁테 카네의 빈티지별 가격표(2008년 기준)

연도	가격
2000	₩ 240,000
2001	₩ 170,000
2002	₩ 140,000
2003	₩ 210,000
2004	₩ 170,000

한 해 농사의 결실을 알리는 빈티지 점수가 좋으면 당연히 해당 연도에 생산된 와인의 품질이 좋다고 볼 수 있지만, 빈티지 점수가 낮다고 해서 못 마실 정도의 와인이라는 뜻은 아닙니다. 빈티지 점수는 단지 그해 작황에 대한 점

수를 주는 것일 뿐, 그해 생산된 모든 와인에 대한 품질을 보증하는 점수는 아니라는 말이죠.

와인 생산자들은 빈티지에 상관없이 늘 최고의 와인을 만들기 위해 최상의 노력을 기울이고 있습니다. 따라서 애호가 입장에서는 특별한 몇몇 와인을 제외하고는 빈티지에 크게 연연하지 말고 와인을 즐기는 것이 현명합니다.

빈티지를 따지지 않아도 되는 신세계 와인

날씨의 변덕이 없고 온화한 기후조건을 가진 미국, 남아공, 호주, 칠레 등의 와인 신생국들은 비교적 일정한 품질의 포도로 와인을 생산하므로 상대적으로 빈티지의 영향을 적게 받습니다.

게다가 이러한 신생국들은 오랜 역사를 자랑하는 프랑스나 이탈리아 등의 구세계 와인과 겨루기 위해 현대적이고 과학적인 양조시설과 기술을 이용해 매년 일정한 품질의 와인을 만들기 때문에 더욱더 빈티지의 영향을 적게 받습니다. 물론 고가의 와인이라면 신세계 와인이라도 빈티지를 따져보는 것이 나쁘지는 않습니다.

오크통 대신 스테인리스 탱크를 사용해 와인을 대량생산하는 호주의 현대식 와이너리

36

테루아가 살아 숨쉬는
자연주의 와인

  자연과 더불어 건강하게 살아가는 것이 화두인 시대인지라 와인도 유기농, 바이오다이내믹, 내추럴 와인 등의 자연주의 와인이 대세입니다. 그럼 최근 가장 트렌디한 와인이 된 유기농, 바이오다이내믹, 내추럴 와인은 어떻게 다를까요?

  와인을 만들기 위해서는 포도를 재배하고, 그 포도를 가지고 양조를 하는 두 단계를 거쳐야 합니다. 양조는 발효와 숙성 과정을 포함하고요. 포도를 재배하는 데 있어 자연주의 원칙을 지키는 것이 유기농과 바이오다이내믹, 양조까지 포함해 자연주의를 고집하는 것이 내추럴 와인이라 정의할 수 있습니다.

화학비료와 살충제를 사용하지 않는 유기농 와인

먼저 유기농 와인은 각 나라별로 충족 기준에 차이가 조금씩 있으나 기본적으로 포도밭에 화학비료를 비롯해서 살충제, 제초제 등을 사용하지 않고 재배한 포도로 만든 와인을 일컫습니다. 퇴비조차 유기농으로 만들어진 것을 사용하지요.

양조 방식과 관계없이 유기농법으로 재배된 포도로만 만들어져야 하며 각 나라별 공식 인증기관으로부터 인증을 받아 '오가닉(Organic)'이라는 문구를 표기하고 있습니다. 대표적인 인증 마크로는 유럽 연합이 인증하는 EU, 프랑스가 인증하는 AB, 이탈리아의 ICEA가 존재합니다.

오가닉 포도로 만드는 도메인 트라페의 쥬브레 샹베르텡

유기농 와인 인증 마크 AB

우주와 자연의 섭리로 만들어진 바이오다이내믹 와인

바이오다이내믹 와인 역시 자연 친화적인 포도 재배가 핵심입니다. 유기농법에 비해 좀더 강화된 친환경 포도재배 방법이라 할 수 있는데 독일의 학자 루돌프 슈타이너(Rudolf Steiner)가 창시한 방식입니다. 유기농 와인과 마찬가지로 포도밭 재배에 있어 화학비료 등 인공 첨가물을 배제한다는 점은 같지만 천연 동식물, 광물 등 자연에서 얻은 특별한 비료를 사용하고 태양, 달, 지구 등 천체의 움직임을 고려해 경작하는 것은 물론 포도 수확과 병입 시기까지도 결정한다는 것이 다르지요. 자연의 섭리에 따라 재배하는 포도로 건강한 와인을 생산하고자 하는 것입니다. 대표 와이너

리로는 프랑스 부르고뉴의 도멘 드 라 로마네 콩티 (Domaine de La Romanée Conti), 론 지방의 엠 샤푸티에 (Maison Chapoutier) 등을 들 수 있으며 인증 단체로는 'Demeter'가 있습니다.

바이오다이내믹 와인의 대명사인
끌로 드 넬 카베르네 프랑

친환경 농법과 양조법으로 만드는 내추럴 와인

프랑스 보졸레 지역에서 새롭게 등장하여 와인산업에 커다란 이슈를 만들어내고 있는 내추럴 와인은 포도 재배뿐 아니라 양조 방법에서도 자연친화적인 방법을 사용하는 와인들을 일컫습니다. 요즘 국내에서도 내추럴 와인만을 전문적으로 취급하는 레스토랑, 바 등이 속속 등장할 정도로 인기지만 아직까지 명확한 정의나 법규가 존재하지는 않습니다. 기본적으로 친환경 농법으로 포도밭을 재배해 손 수확을 거쳐야 하고 좀더 엄격한 잣대로 유기농법을 사용해야 한다고 전제하기도 합니다. 양조 방법에서는 인공 효모가 아닌 천연 효모를 사용하고 와인의 변질을 막기 위해 사용하는 이산화황을 사용하지 않거나 최소한의 양만을 사용합니다. 당과 산 그리고 타닌 등 인위적인 첨가물을 배제하고 정제와 필터링 또한 실시하지 않으며 최대한 자연 방식에 따라 와인을 만드는 것이지요.

이런 친환경 와인들을 마케팅의 일환으로 보는 부정적인 시각도 존재합니다. 하지만 이런 자연주의 와인들이 특유의 개성과 좋은 품질로 새로운 트렌드를 형성하고 와인 애호가들의 관심을 끌고 있는 것도 사실입니다. 자연주의 와인들을 만드는 데에는 더 많은 노력과 관심도 필요하니 그만큼 특별한 와인이 만들어질 것이라는 기대도 갖게 하지요. 어쨌든 우리가 사는 땅과 자연을 건강하게 되돌리고, 그 땅의 향과 기운을 가득 머금은 와인을 맛본다는 것은 매력적인 일이 아닐 수 없습니다. 물론 맛을 평가하는 것은 와인을 즐기는 여러분들의 몫이지요.

Decanter(2018)에서 올해의 내추럴 화이트로 선정된 남아공의 '더 스토리 오브 해리'

프랑스에 처음 등장한 내추럴 와인 인증 '뱅 메토드 나튀르'

잠깐만요

'내추럴 와인'이라는 개념이 무분별하게 남용되는 것을 막고자 프랑스 내추럴 와인 조합에서 내추럴 와인 인증 제도인 '뱅 메토드 나튀르(Vin Methode Nature)'를 처음 공식화했습니다. 유기농 포도 사용, 손 수확, 토착 효모 사용, 첨가물 금지, 포도의 성분을 인위적으로 변형시키는 행위 금지, 양조 시 역삼투, 필터링, 고온 양조 같은 물리적 기술 금지, 이산화황은 30mg/L 이하로 첨가하거나 무첨가할 것 등 12가지 조건을 만족시키면 라벨에 '뱅 메토드 나튀르' 인증 로고를 사용할 수 있도록 한 것이지요. 하지만 여러 규정 때문에 소규모 내추럴 와인 생산자들이 얼마나 이 인증 체계에 동참할 지는 조금 더 지켜봐야 할 것 같습니다.

아황산염 사용 여부에 따라 두 가지로 나뉘어 사용되는 레이블

- 아황산염을 전혀 사용하지 않는 경우: Vin Methode Natural sans sulfites ajoutes
- 30mg/L 이내만을 사용할 경우: Vin Methode Natural 30mg/L de sulfites ajoutes

무첨가 레이블

첨가 레이블

국가별 & 지역별
와인 정보 완전정복

37

와인의 성지,
프랑스 와인

구세계와 유럽을 대표하며 누구도 부인할 수 없는 와인의 성지로 자리잡은 프랑스. 역사와 문화, 철학과 민주주의에 대한 자부심만큼이나 프랑스인들의 와인에 대한 자부심은 가히 하늘을 찌를 듯합니다. 예나 지금이나 프랑스는 와인의 전통을 간직한 채 와인의 기준점을 제시해 주고 있는 곳이죠.

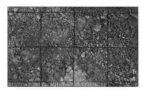

토양의 깊이에 따라 다양한 토양층을 이루고 있는 프랑스 보르도 지역 페삭 레오냥(Pessac Léognan) 마을의 테루아

모든 것은 테루아에 달려 있다!

프랑스어로 땅을 뜻하는 테루아(Terroir)는 와인 생산에 있어 가장 중요한 요소인 포도농장의 토양, 기후 등 자연재배요건을 뜻하는 말이기도 합니다. 프랑스인들은 와인의 90%가 테루아에 의해 결정된다고 생각하며, 사람의 손에 의한 변수는 극히 일부일 뿐이라고 믿습니다. 말하자면 '와인은 신이 내려주신 자연의 창조물'이라 여기는 것이죠.

그러다 보니 길 하나, 울타리 하나를 사이에 두고도 테루아의 특성이 달라진다고 생각할 정도로 토양, 토질에 집착합니다. 우리가 보기에는 그게 그 땅인 듯싶지만 그들이 보기에는 그렇지 않은 것이지요. 아닌 게 아니라 테루아에 따라 재배되는 포도의 품종, 품질, 궁극적으로는 와인의 품질이 천차만별인 것도 사실입니다. 작게는 울타리 이쪽과 저쪽, 크게는 마을과 지역에 따라 와인의 품질과 등급이 달라집니다.

강의 왼쪽과 오른쪽 토양이 다르다! 보르도

프랑스 와인산업에 있어 맏형 격인 보르도 지역은 지롱드(Gironde)강을 중심으로 왼쪽 기슭에 메독(Médoc) 지역이 있고, 그 안에 포이약(Pauillac), 마고(Margaux), 생테스테프(Saint-Estèphe) 등의 와이너리 마을이 위치해 있는데요. 바로 이 마을들에서 샤토 라피트 로칠드, 샤토 라투르, 샤토 무통 로칠드, 샤토 마고와 같은 그랑크뤼*급의 프랑스 최고급 와인이 생산됩니다. 또한 강 오른쪽 기슭에 위치한 생테밀리옹(Saint-Émilion), 포므롤(Pomerol) 등의 마을에서도 페트뤼스*, 샤토 르 팽(Château Le Pin) 같은 최고급 와인을 비롯해 여러 훌륭한 와인들이 생산되고 있습니다.

'신의 물방울'이라는 찬사를 받는 부르고뉴 와인을 만들어내는 프랑스 부르고뉴의 테루아. 자연의 축복이라는 찬사를 받는 곳이죠.

◆ 그랑크뤼(Grand Cru)
프랑스 보르도와 메독 지역의 고급 와인을 이르는 말로, 다시 1~5등급으로 분류됩니다. '크뤼'(Cru)는 재배 또는 포도원을 뜻하는 프랑스어로, 프랑스의 와인이나 와인 생산지를 분류할 때 사용합니다. 부르고뉴 지역에서는 보르도와 달리 1등급 와인보다 상위에 있는 1%만의 최고급 와인을 의미합니다.

◆ 페트뤼스(Pétrus)
포므롤 마을에서 생산되는 세계 최고의 와인. 메를로 품종으로 양조한 와인으로 진한 과일맛과 벨벳같은 부드러움이 특징이며, 페트뤼스라는 이름은 예수의 첫 번째 제자인 베드로를 뜻합니다. 와인의 레이블에도 베드로의 얼굴이 형상화되어 있지요.

베드로의 얼굴이 형상화되어 있는
페트뤼스의 레이블

하지만 앞서 말했듯, 보르도 지역 안에서도 왼쪽과 오른쪽 기슭에 따라 토양을 구성하는 성분이 달라서 재배되는 품종 또한 지역과 마을에 따라 많은 차이를 보이고 있습니다.

강 왼쪽 토양은 자갈층이 많고 배수가 잘 되어 색소와 타닌이 풍부한 적포도 품종인 카베르네 소비뇽, 카베르네 프랑이 잘 자랍니다. 반대로 생테밀리옹과 포므롤 등이 위치한 강 오른쪽 토양은 점토질이 많아 부드러운 맛을 내는 메를로가 특히 잘 자라지요.

세계 최고의 와인을 만들어내는 포므롤 마을

포므롤(Pomerol) 마을은 보르도의 지롱드강 상류인 도르도뉴(Dordogne)강 우측에 위치한 마을로, 약 800헥타르에 걸쳐 포도밭이 분포되어 있습니다. 중세 수도사들이 이곳에 병원을 세우고 포도밭을 일군 것을 시작으로 지금까지 포도 재배를 하고 있죠. 산화철이 섞인 점토질 지층 위에 모래와 자갈이 섞인 테루아에 기반해 있는데, 그중에서도 '쇠 찌꺼기'라고 불리는 산화철 성분은 포므롤 와인만의 독특한 개성과 특징을 만들어냅니다.

포므롤 마을은 전세계에서 가장 맛있는 메를로 품종 와인을 생산하는 지역으로 꼽힙니다. 메독 지역이나 생테밀리옹 지역에 비해 와이너리의 수는 현저히 적지만 대부분 최고의 와인을 생산하고 있죠. 말하자면 소수정예인 셈입니다. 포므롤의 와인은 진하고 관능적인 맛과 섬세하면서도 풍만한 살집, 부드러운 타닌감을 지니고 있으며 장기숙성도 가능합니다. 창고 와인의 시초이자 개척자인 샤토 르 팽(Château Le Pin)과 샤토 발랑드로(Château Valandraud)는 자타가 공인하는 포므롤 대표 와인이지요.

황금의 언덕! 부르고뉴

보르도와 양대산맥을 이루고 있는 부르고뉴 지역은 세계에서 가장 섬세하고 우아한 와인을 만들어냅니다. 예부터 '황금의 언덕'(Côte d'Or)이라 불리며 피노 누아와 샤르도네의 성지라 불리지요. 부르고뉴 와인은 여러 품종을 블렌딩해서 만드는 보르도와 달리 대부분 단일 품종으로만 만들어집니다. 샤르도네 품종으로 만든 화이트와인은 가벼운 타입에서 10년 이상 장기숙성이 가능한 와인까지 그 종류도 다양해 전세계 화이트와인의 정석이라 할 수 있습니다.

또한 레드와인 품종 중 재배하기 까다롭기로 유명한 피노 누아가 유일하게 잘 생장하는 지역이어서 이곳에서 만들어지는 레드와인은 가히 세계 최고라 할 수 있습니다. 가장 고가의 와인으로 알려진 로마네 콩티, 나폴레옹의 와인으로 알려진 샹베르탱 등이 대표적인 와인이지요. 특히 피노 누아로 만든 레드와인은 떫은맛이 적고 과일의 맛이 풍부해서 초보자도 부담없이 즐길 수 있습니다.

교황의 와인, 론

론(Rhône) 지역의 포도밭들은 론강을 따라 커다란 돌과 자갈, 급격한 경사가 많은 상류지역(북부 론)과 드넓은 분지, 낮은 경사도, 상류에서 흘러내려온 모래와 자갈 등의 퇴적물이 쌓인 하류지역(남부 론)에 분포되어 있습니다. 프랑스에서 보르도 다음으로 넓은 와인 산지이기도 하지요. 론 와인은 과거 교황들이 즐겨 마신 것으로 유명하며, 오늘날에도 세계적인 명성을 누리고 있습니다. 가장 유명한 북부 론의 레드와인은 코트 로티(Côte Rôtie)와 에르미타주(Hermitage)이며, 가장 유명한 남부 론의 레드와인은 교황의 굴욕으로 탄생

◆ 샤토네프 뒤 파프의 탄생 이야기
는 본문 53장에 있습니다.
한 샤토네프 뒤 파프*(Châteauneuf du Pape)입니다.

재배되는 품종에서도 남과 북이 차이를 보이는데요. 북부 론에서는 시라 품종이, 남부 론에서는 그르나슈 품종이 주로 재배됩니다. 특히 이곳에서 만들어지는 레드와인은 후추 같은 매콤한 향신료의 풍미를 내는 것으로 유명하지요.

와인 등급의 기준,
프랑스 와인 등급체계

와인 전문가가 아닌 초보자들이 와인의 모든 등급을 알 필요는 없습니다. 하지만 가장 유명하고 역사가 오래된 등급체계인 프랑스 와인의 등급체계 정도는 알아두는 것이 좋습니다. 프랑스 와인의 등급체계는 상식이기도 하지만 다른 국가들의 와인 등급체계에 기준을 제시하기도 하니까요.

법으로 규제하는 프랑스 와인의 등급

프랑스 와인이 세계적으로 유명한 이유는 일찍부터 품질관리체계를 정립해 체계적인 관리 아래 와인을 생산했기 때문입니다. 프랑스의 와인제조는 지방행정부의 법률에 의해서 규제를 받는데 이것이 유명한 A.O.C 제도입니다. A.O.C는 아펠라시옹 도리진 콩트롤레(Appellation d'Origine Contrôlée)의 약자이며 해당 와인에 사용된 포도의 재배지명을 레이블에 표기하는 최상위 등급입니다. 정부의 엄격하고 체계적인 관리 아래 포도 품종과 재배방법, 생산량, 제조방법, 관능검사*를 통한 맛과 향 등을 규제하고 이런 다양한 법적 조건을 충족하는 와인에만 재배지역 명칭을 레이블에 표기할 수 있도록 하였죠.

1935년부터 사용해 온 프랑스 와인의 등급체계는 1855년 프랑스의 네고시앙들이 무역거래를 위해 만든 와인 품질 등급리스트에서 유래되어 그 역사가 깊습니다. 그러나 지난 2009년, 와인산업의 성장과 유럽연합 결성에 따른 유럽시장의 변화에 발맞춰 EU 기준의 A.O.P(Appellation d'Origine Protégée, 아펠라시옹 도리진 프로테제) 제도를 도입하게 되었습니다. 현재 통용되는 A.O.C 제도를 기본으로, A.O.P를 비롯한 새로운 등급체계도 알아두면 좋겠습니다.

3단계로 분류되는 프랑스 와인 등급

최상위 등급, 원산지 통제 명칭 와인 A.O.C

(Appellation d'Orgine Contrôlée, 아펠라시옹 도리진 콩트롤레)

프랑스에는 3단계의 와인 등급이 존재하는데, 그중 '원산지 통제 명칭'(A.O.C) 와인이 최상위 등급이고, 원산지 통제 명칭 와인 안에서 다시 여러 등급으로 나뉘게 됩니다.

A.O.C 등급 와인 레이블

d'Origine은 프랑스어로 '원산지의'라는 뜻이며, d'Origine 자리에 원산지가 다양하게 표기됩니다. 우리나라 지명으로 치면 '시→구→동'

식으로 지역명이 세분화될수록 더욱 고급 와인이라 할 수 있습니다.

일반 소비 와인 등급,
Vin de Pays(뱅 드 페이)

Vin de Pays 와인 레이블

지역 등급 와인으로, 지정된 지역에서 허용된 포도 품종으로만 만들어집니다. 원산지가 표시되지만 A.O.C 등급에 비해 규제가 적습니다.

테이블 와인, Vin de Table(뱅 드 타블)

프랑스 어디서든지 생산될 수 있으며 포도 품종에 대한 제약이 없는 가장 낮은 등급의 와인으로, 프랑스 와인 전체 생산량의 30% 이상이 이 등급에 속합니다.

와인 생산자에 따른 등급체계가 있는 보르도

보르도에서는 A.O.C와 별개로 지역별로 와인 생산자에 따른 등급 제도가 있습니다. 지역별로 다른 기준을 갖고 있어 조금 복잡합니다. 예를 들면 1855년에 만들어져 가장 역사가 깊은 메독에서는 그랑크뤼 등급을 1~5등급으로, 소테른에서는 특등급과 1등급, 2등급으로 분류합니다.

포도밭에 따라 4개 등급으로 나뉘는 부르고뉴

부르고뉴 지역은 보르도처럼 와인 생산자에 따라 등급을 매기지 않고 테루아(포도밭)에 따라 일반 A.O.C 등급의 와인을 4가지 등급으로 분류합니다. 지역 < 마을 < 포도밭(프리미에 크뤼) < 포도밭(그랑크뤼) 순으로 세분화될수록 등급이 올라갑니다.

로마네 콩티 포도밭에서 재배된 포도로 만든 와인

그랑크뤼(Grand Cru)

그랑크뤼는 마을 내 지정된 특등급 포도밭에서 생산된 포도로만 만들어진 것을 의미하며, 레이블에는 지역명이나 마을명 대신 반드시 포도밭 이름만 명시됩니다.

본 로마네 마을 프리미에 크뤼 포도밭 레 보몽에서 재배된 포도로 만든 와인

프리미에 크뤼(Premier Cru)

프리미에 크뤼는 마을 내 지정된 일등급 포도밭에서 생산된 포도로만 만들어야 하며, 레이블에는 마을 이름과 등급, 포도밭 이름이 반드시 명시됩니다.

마을 단위급(Communal A.O.C)

마을 단위급은 부르고뉴 지역보다 좀더 좁은 마을 단위의 원산지 표기법으로, 레이블에 '샤블리'(Chablis)나 '본 로마네'(Vosne Romanée) 같은 마을 이름을 표기합니다. 표기된 마을 내에서 생산된 포도로만 만들어져야 하지요.

본 로마네 마을에서 재배된 포도로 만든 와인

지역(지방) 단위급(Regional A.O.C)

지역(지방) 단위급은 가장 넓은 범주인 지역 단위의 원산지 표기법으로 레이블에 '부르고뉴'(Bourgogne)라는 지역명과 포도 품종을 표기합니다. 부르고뉴 지역에서 생산되는 법적으로 허용된 포도로 만들어진 경우에만 해당되지요.

부르고뉴 지역에서 재배된 피노 누아로 만든 와인

프랑스의 새로운 등급체계

다음은 유럽연합의 기준에 맞춰 새로 제정된 등급체계입니다. 프랑스의 A.O.C를 A.O.P로, 이탈리아의 D.O.C를 D.O.P로 통일해 사용한다는 것이 주요 내용입니다. 현재 A.O.C와 A.O.P가 혼용되어 사용되고 있으니 참고하세요.

A.O.P(Appellation d'Origine Protégée, 아펠라시옹 도리진 프로테제)

원산지 보호 명칭으로, 테루아의 특성을 잘 보여주는 기존의 A.O.C가 이에 해당합니다. 전보다 생산 규정이 까다로워져서 기존 등급에 변화가 생길 수도 있습니다. A.O.C와 마찬가지로 'd'Origine'에 원산지가 표기됩니다.

I.G.P(Indication Géographique Protégée, 인디카시옹 제오그라피크 프로테제)

보다 넓은 지역의 명칭을 쓰는 중간 등급 와인으로, 기존의 '뱅 드 페이' 등급이 이에 해당됩니다. A.O.P와 마찬가지로 생산 규정이 강화되었습니다.

Vin de France(뱅 드 프랑스)

지역 명칭을 표기하지 않는 가장 아랫등급의 와인으로 기존의 '뱅 드 타블' 등급이 이에 해당합니다.

39

천 가지 품종의 감미로운 아로마,
이탈리아 와인

와인을 유럽 전역에 전파시킨 로마군의 나라 이탈리아 반도는 전 국토에서 포도 재배가 가능한데요. 반도의 생김새가 장화 모양으로 좁고 긴 형태여서 매우 다양한 포도 품종이 재배되고 있으며, 그중 상당수가 다른 나라에서는 찾아볼 수 없는 토착품종이라는 것도 매력적이지요. 이탈리아 와인의 감미로운 아로마에는 프랑스 와인 못지않은 다부진 자부심이 녹아 있답니다.

와인의 나라 이탈리아

산악지형으로 이루어진 북쪽에서부터 화산지대가 많은 남부지역에 이르기까지 전 국토에 걸쳐 포도가 자라는 이탈리아는 여름에는 덥고 건조하며 겨울에는 비가 많습니다. 전형적인 지중해성 기후와 토양 덕분에 포도가 자라기에 천혜의 조건을 갖추고 있는 것이죠. 그래서 고대 그리스인들은 이탈리아를 '외노트리아'(Oenotria, 와인의 땅)라고 불렀다네요. 나라 전체에 포도나무가 가득한 것을 보고 붙인 이름이지요.

수천 가지의 품종이 공존하는 이탈리아 와인

어느 나라도 따라가지 못할 정도로 수백 가지 토착품종이 전국 각지에서 재배되고 있는 이탈리아는 역시 종류를 헤아리기 힘들 만큼 다양한 와인을 생산합니다. 더욱이 같은 품종이라도 마을에 따라 불리는 이름이 다른 경우도 있어 더 복잡하지요.

원래 이탈리아 와인은 프랑스와는 달리 커다란 슬로바키아산 나무통을 사용해 숙성을 시켰습니다. 그러다 시장의 요구에 따라 점차 프랑스산 작은 오크통을 사용하기 시작했고, 프랑스 품종까지 도입된 이후에는 전통과 현대가 공존하는 양조법을 보유하게 되었지요.

이탈리아 요리에는 산도가 높은 이탈리아 와인을!

이탈리아 와인의 특징이자 차별적 요소는 바로 산도입니다. 다른 나라의 레드와인과 비교할 때 이탈리아 와인은 산도가 특히 높은 편인데요. 그러다 보니 와인만 마시게 되면 약간의 거부감을 호소하는 분들도 종종 있답니다. 하지만 음식과 매칭해서 풍미를 살려주는 데는 이탈리아 와인만 한 것이 없습니다. 특히 이탈리아의 화이트와인이라면 해산물이나 크림소스, 올리브오일이 풍부하게 들어간 음식에 이유불문하고 선택해도 무방할 정도랍니다.

품위 있는 피에몬테 vs. 새로운 시도 토스카나

잘 알다시피 이탈리아 반도는 남북으로 긴 장화 모양을 하고 있죠? 그래서 위도에 따라 품종이 다르고 와인의 특색 또한 다르답니다.

와인의 여왕과 왕, 피에몬테

이탈리아 북부에 위치한 피에몬테(Piemonte)는 가장 귀족적이면서 품위 있는 와인이 만들어지는 곳입니다. 피에몬테는 특히 이 지역에서만 생산되는 네비올로*를 이용한 단일 품종 와인으로 유명하지요. 이 네비올로가 바로 타닌이 풍부하고 파워풀한 남성미를 지녀서 와인의 왕이라 칭송받는 '바롤로'(Barolo), 반대로 섬세하면서 여성적인 매력을 지녀서 와인의 여왕이라 불리는 '바르바레스코'(Barbaresco)를 만드는 품종입니다. 스위트 와인의 대명사 '모스카토 다스티'(Moscato d'Asti)로 유명한 아스티 마을도 이 지역에 속합니다.

✦ 네비올로(Nebbiolo)

비교적 늦은 시기인 10월 중순에서 11월에 수확하는 품종으로 적당한 습도와 토양, 뛰어난 일조량이 맞지 않으면 재배하기 힘든 매우 까다로운 품종입니다. 껍질이 두꺼워 타닌과 산이 많으며, 장기숙성용 품종입니다.

과감한 블렌딩을 시도한 토스카나

이탈리아 중부에 위치한 토스카나(Toscana)는 이탈리아에서 생산량이 가장 많은 레드와인인 '키안티'(Chianti)를 비롯해서 와인 캡에 검은 수탉이 그려진 '키안티 클라시코'(Chianti Classico), 이탈리아 최고의 레드와인으로 꼽히는 '부르넬로 디 몬탈치노'(Brunello di Montalcino) 등이 만들어지는 곳입니다. 이 와인들을 만드는 주품종이자 중부지방 전역에서 재배되는 산지오베제*는 이 지

키안티 클라시코의 수탉 문양

✦ 산지오베제(Sangiovese)

라틴어로 신 중의 신 '주피터의 피'를 의미하는 말로, 이탈리아 중부지방 전역에서 재배되는 품종입니다. 풍부한 타닌과 진한 풍미, 적절한 산도로 기름진 요리와 잘 어울리는 레드와인을 만들어냅니다.

역을 대표하는 토착품종이기도 합니다.

토스카나는 이탈리아 와인산업의 르네상스가 시작되었다는 볼게리(Bolgheri)가 위치한 곳이기도 합니다. 볼게리 지역은 과거 토착품종만을 고집하던 것에서 탈피해 이웃한 프랑스의 카베르네 소비뇽, 메를로 같은 품종을 도입해서 등급이나 전통에 연연하지 않고 자국의 토착품종과 과감히 블렌딩을 시작한 것으로 유명합니다. 이렇게 만들어진 사시카이야(Sassicaia), 티냐넬로(Tignanello) 등의 와인은 전세계 와인 애호가들 사이에서 센세이션을 일으키게 됩니다. 이것을 '슈퍼투스칸'(Super Tuscan) 와인이라 부르기도 하지요.

이탈리아 와인의 등급체계

이탈리아는 1963년부터 프랑스의 원산지 통제법과 같은 D.O.C(Denominazione di Origine Controllata) 체계를 확립해서 정부 차원에서 와인의 품질을 관리하고 있습니다. 이탈리아 와인은 D.O.C.G > D.O.C > I.G.T > Vino da Tavola 순의 4등급으로 구분되는데, 최하위 등급인 '비노 다 타볼라'는 정부의 통제 밖에 있는, 말하자면 테이블 와인*과 같은 의미입니다. 프랑스와 마찬가지로 유럽연합의 권고로 기존의 D.O.C.G와 D.O.C가 D.O.P(Denominazione di Origine Protetta)

◆ 테이블 와인
식사 중에 마시는 와인으로, 식욕을 증진시키고 입 안을 헹궈주어 뒤에 나오는 음식의 맛을 잘 느낄 수 있게 해줍니다. 쉽고 가볍게 마실 수 있는 만큼 대량생산되는 와인으로 보면 됩니다.

로, I.G.T는 I.G.P(Indicazione Geografica Protetta)로, Vino da Tavola는 VdI(Vino d'Italia)로 바뀌는 새로운 등급체계가 생겼습니다.

최상위 등급 D.O.C.G

(Denominazione di Origine Controllata e Garantita, 데노미나지오네 디 오리지네 콘트롤라타 에 가란티타)

이탈리아 와인 중 최상위 등급의 와인으로, 정부의 엄격한 규제에 따라 만들어지는 원산지 통제 명칭 와인입니다.

두 번째 등급 D.O.C

(Denominazione di Origine Controllata, 데노미나지오네 디 오리지네 콘트롤라타)

프랑스의 A.O.C처럼 정부가 정한 법에 따라 생산되는 원산지 통제 명칭 와인을 통틀어 일컫습니다.

특성 있는 지역생산 와인을 말하는 I.G.T

(Indicazione Geografica Tipica, 인디카지오네 제오그라피카 티피카)

프랑스의 뱅 드 페이와 같은 등급의 와인으로, 슈퍼투스칸 같은 실험적인 시도를 하는 고급 와인들도 포함되어 있습니다.

일반 소비 와인 등급 Vino da Tavola(비노 다 타볼라)

일반 테이블 와인으로, 프랑스의 뱅 드 타블과 같은 등급입니다.

보수적인 전통에 대항한 최초의 슈퍼투스칸 와인, 사시카이야

프랑스 와인의 독보적인 명성에 밀려 항상 2인자로 대접받고 있지만, 사실 이탈리아는 와인 생산량으로 세계 1위인 나라입니다. 토스카나 지방 역시 와인 산지로 유명한 곳이죠. 그런데 토스카나의 사시카이야(Sassicaia)는 전통적인 이탈리아 D.O.C 규정을 지키지 않고 프랑스의 포도 품종과 프랑스식 오크통을 사용해 만들었기 때문에 등급외 판정을 받고

사시카이야

있었습니다. 그러다가 영국의 와인 전문지 〈디캔터〉가 주관한 시음회에서 만점을 받음으로써 뒤늦게 국제적인 명품 와인으로 주목을 받기 시작했지요. 이러한 사시카이야를 슈퍼투스칸 와인이라 불렀으며 이후 D.O.C.G 등급을 능가하는 최고의 와인 중 하나로 손꼽히고 있습니다. 현재 사시카이야는 등급을 한 단계 조정받아 D.O.C로 승격되었습니다.

40

벌크 와인 생산 1위,
스페인 와인

먼 옛날 지중해를 제집 드나들다시피 한 페니키아인과 그리스인들이 포도 나무를 이식하고 와인을 전파한 것이 스페인 와인의 기원입니다. 길거리에 포도씨를 뿌려놓으면 포도나무가 스스로 자라날 만큼 포도 재배에 이상적인 조건을 갖춘 스페인은, 포도 재배면적에서는 세계 최대이지만 생산량은 3위 랍니다. 다른 나라들과 달리 포도밭 중간중간에 올리브, 오렌지 등 다른 농작 물을 섞어 재배하는 경우가 많고 포도나무 사이의 간격이 상당히 멀어 면적당 생산량이 적을 수밖에 없는 환경이기 때문이지요.

농익은 맛의 스페인 와인

스페인 포도는 무덥고 건조한 기후에 작렬하는 태양빛 아래에서 자라기 때 문에 껍질이 두꺼운 것이 특징인데, 이는 와인 맛에도 많은 영향을 끼칩니다.

타닌이 풍부하고 알코올 도수가 높으며 파워풀한 와인이 만들어지죠.

일반적인 스페인 레드와인은 대체로 농익은 맛으로 마시기 편하고 실키 (Silky)한 풍미를 선사해 줍니다. 하지만 때로는 상상을 초월할 만큼 스펙터클한 타닌을 소유한 와인이 등장하기도 하는데요. 이는 무엇보다 전 국토를 무섭게 짓누르는 스페인의 태양 때문이겠죠.

세계 와인산업의 신흥 다크호스, 스페인

◆ 벌크 와인(Bulk Wine)
일반적인 병입으로 판매하는 것이 아니라 큰 오크통 단위로 와인 원액을 판매하는 것을 말합니다.

◆ 필록세라(Phylloxera)
포도나무 뿌리에 살고 있는 미세한 진딧물로 뿌리의 진액을 빨아먹고 삽니다. 19세기 후반에 유럽의 포도나무를 황폐화시킨 적이 있습니다. 필록세라에 관해서는 56장에서 자세히 설명합니다.

◆ 보르도 블렌딩
말 그대로 프랑스 보르도 지역의 와인 양조법을 말합니다. 단일 품종으로 와인을 만드는 것이 아니라 카베르네 소비뇽과 메를로, 카베르네 프랑 등의 품종을 섞어서 만드는 방식입니다.

스페인은 세계 최대의 벌크 와인* 생산국이자 수출국으로 원래는 품질보다 양으로 승부하던 곳이었습니다.

스페인이 벌크 와인에 국한하지 않고 양질의 병입 와인을 생산하게 된 데에는 프랑스인들의 공이 큽니다. 필록세라*로 인해 포도밭을 잃은 프랑스 보르도의 양조가들이 스페인 리오하(Rioja)로 이주해 온 거죠. 그 이후 스페인에서도 작은 오크통을 사용하고 보르도 블렌딩* 기법을 도입하면서 벌크 와인에서 벗어나 정제된 맛과 품질로 병입 위주의 와인을 생산하게 되었답니다.

오늘날에는 최신식 시설과 현대적인 양조기술을 속속 도입해서 스페인만의 독창성이 담긴 고품질의 와인들을 선보이고 있습니다.

스페인 레드와인의 중심지, 리오하

천 년을 이어온 유구한 와인 역사를 지닌 곳으로 스페인 내에서 훌륭한 레드 와인이 가장 많이 생산되는 지역입니다. 필록세라를 피해 이주해 온 프랑스 양 조가들이 정착한 곳으로, 스페인 와인의 혁신은 이곳에서 시작되었다고 해도 과언이 아니지요. 템프라니요* 품종을 주로 사용하는데,

가벼운 바디감을 지닌 와인에서 무거운 풀바디 와인까지

다양한 와인들이 만들어집니다. '보데가스 무가'(Bodegas

✦ 템프라니요(Tempranillo)
스페인을 대표하는 품종으로 풍부한 타닌이 특징입니다.

Muga), 마르케스 데 리스칼(Marques de Riscal) 등 스페인 최고의 와이너리들 이 가장 많이 밀집해 있는 곳입니다.

독창적인 와인을 만드는 리베라 델 두에로

스페인 중북부에 위치하며 두에로강을 따라 포도밭이 형성되어 있는 리베라 델 두에로(Ribera del Duero)는 과 거 카스텔라 왕국의 심장부로 오랜 역사를 지닌 곳이기 도 합니다. 리오하와 더불어 스페인 와인산업의 양대산 맥으로 꼽히죠. 스페인 내에서는 물론 해외에서도 자본 의 유입이 활발히 이루어지고 있는데, 덕분에 독창성과 실험성이 뛰어난 와인들이 왕성하게 만들어지고 있는 곳 입니다.

우니코

황무지와도 같던 이곳이 스페인은 물론 전세계에 당 당히 와인 산지로 이름을 알리게 된 계기가 있는데요. 바로 1929년에 열린 와 인박람회에서 당당히 우승을 차지한 '우니코'(Unico)라는 와인 덕분입니다.

영어의 유니크(Unique)와 같은 의미의 우니코는 스페인의 로마네 콩티라 불리는 베가 시실리아(Vega Sicilia)에서 만든 것으로, 10년 이상 숙성을 거쳐 출시됩니다. 템프라니요와 카베르네 소비뇽을 블렌딩해 독창성을 보여준, 스페인의 국보급 와인이라 할 수 있습니다.

스페인 와인의 등급체계

스페인 와인도 1970년부터 원산지 명칭 제도 D.O(Denominacion de Origen)를 도입하고 있습니다. 프랑스나 이탈리아와 다른 점은 포도 품종이나 양조방식 이외에 와인 숙성 정도에 따른 표시제도를 사용하고 있다는 것입니다.

최상위 등급 Vinos de Pago(비노 데 파고)

모든 와인 지방에 적용되는 D.O나 D.O.Ca와 달리 단일 포도밭에 적용됩니다. 단일 포도밭에서 나온 포도만을 100% 사용해야 하며 양조와 병입을 동일 장소에서 해야 합니다.

최상위 등급 D.O.Ca

(Denominacion de Origen Calificada, 데노미나시온 데 오리헨 칼리피카다)

이탈리아 D.O.C.G와 같은 등급으로, 최소 10년간 품질이 인정된 와인 중 엄격한 기준을 충족한 와인에 부여되는 등급입니다. 리오하와 프리오라토 등에서 생산되는 와인이 이 등급에 해당합니다.

D.O (Denominacion de Origen, 데노미나시온 데 오리헨)

이탈리아 D.O.C와 같은 등급으로, 지정된 지역에서 포도 품종, 숙성 및 양조방법에 대한 규제를 지켜 생산한 와인 중 최소 5년간 품질을 인정받은 와인이어야 합니다.

지역 와인 등급 V.C.I.G

 (Vinos de Calidad con Indicacion Geografica, 비노 데 칼리다드 콘 인디카시온 제오 그라피카)

D.O로 승격되기 전 단계로 이탈리아의 I.G.T와 비슷한 등급입니다. 특정 지역에서 나는 포도로 만들어져 그 지역의 특성이 나타나는 와인입니다.

일반 소비 와인 등급 Vinos de la Tierra(비노 데 라 티에라)

이것 역시 이탈리아의 I.G.T와 비슷한 개념으로 V.C.I.G보다는 낮은 등급입니다. '안달루시아', '카탈루냐' 같은 폭넓은 지역명이 붙습니다.

테이블 와인 등급 Vinos de Mesa(비노 데 메사)

저렴한 가격으로 부담없이 마실 수 있는 테이블 와인을 뜻합니다.

숙성에 따른 분류

그란 레세르바 (Gran Reserva)	최소 2년 오크 숙성과 3년 병입 숙성을 포함해 총 5년간 숙성시킨 와인
레세르바(Reserva)	최소 1년 오크 숙성을 포힘해 총 3년간 숙성시긴 와인
크리안자(Crianza)	최소 6개월 오크 숙성을 포함해 총 2년간 숙성시킨 와인 (단, 리오하, 리베라 델 두에로 지방에서는 12개월 오크 숙성)
호벤(Joven)	오크 숙성을 거의 또는 전혀 하지 않은, 1년 이내에 마시는 와인

화이트와인의 천국,
독일 & 오스트리아 와인

양조용 포도 재배의 북방한계선에 위치한 독일 그리고 클래식 음악의 본고
장으로 유럽문화의 한 축을 이끌어온 오스트리아는 과거 와인으로 유명세를 떨
쳤지만 변방국으로 추락한 나라들이죠. 그러나 두 나라 모두 꾸준한 품종 개발
과 신기술 도입으로 최근 침체기를 벗어나 과거의 명성을 회복하고 있습니다.

중세시대까지 절정기를 누린 독일 와인

독일은 과거 로마 군인들에 의해 와인이 전파된 이후 중세시대까지 최고
의 절정기를 누렸던 와인의 나라입니다. 특히 독일의 수도사들이 만든 와인
은 전 유럽으로 팔려나갔을 정도로, 당시 프랑스 와인과 함께 유럽 와인의 양
대산맥을 이루었습니다. 독일 와인은 당시 유럽의 무역시장에서 가장 중요한
거래품목 중 하나였지요.

스위트한 화이트와인의 천국, 독일

독일은 서늘한 기후조건으로 예부터 레드와인보다는 화이트와인의 명산지로 유명세를 떨쳤습니다. 화이트와인용 품종인 게브르츠트라미너(Gewürztraminer), 실바너(Sylvaner) 등을 비롯해서, 스위트 와인의 대명사인 아이스바인(Eiswein)의 주품종 리슬링(Riesling)이 가장 널리 재배되고 있는 나라입니다.

독일은 보트리티스 시네레아*에 걸린 포도로 만드는 귀부 와인과 언 포도를 수확해서 만드는 아이스바인으로 유명합니다. 이 두 가지 와인은 스위트하다는 공통점을 지니고 있지요.

이 두 와인이 독일 와인을 대표하다 보니 와인 등급도 다른 나라와 달리 수확시 포도 알맹이의 당도에 의해 구분됩니다. 당도가 높으면서 잘 만들어진 와인은 산도의 구조감이 좋아 개운하면서 뒷맛이 깔끔합니다.

◆ 레드와인 품종 중에서는 서늘한 기후에서 잘 자라는 피노 누아가 널리 재배되고 있습니다.

◆ **보트리티스 시네레아 (Botrytis Cinerea)**
특정한 기후조건에서 생기는 회색 곰팡이의 학명으로, 일명 귀부병(Noble Rot, 고귀한 부패)을 일으키는 곰팡이입니다. 포도껍질에 이 곰팡이가 자라면 포도 내의 수분을 증발시켜 당도를 높이고, 특별한 풍미를 만들어내지요. 전세계적으로 유명한 디저트 와인인 독일의 트로켄베렌아우스레제나 프랑스의 소테른 와인은 이 곰팡이 때문에 만들어진 와인입니다. 귀부병에 대한 자세한 내용은 31장을 참고하세요.

하나하나 포도를 직접 손으로 선별하는 아이스바인

독일 와인은 단맛과 상큼한 맛이 조화를 이루고 알코올 도수도 낮아 초보자는 물론 남녀노소 누구나 부담없이 마실 수 있다는 장점이 있습니다. 그런데 언 포도로 만든 아이스바인, 곰팡이균에 감염된 포도만 이용해 당분을 극대화시킨 트로켄베렌아우스레제* 등은 사람이 직접

◆ **트로켄베렌아우스레제 (Trockenbeerenauslese)**
독일에서 생산되는 최고급 디저트 와인. 독일어로 '건포도의 선택'이라는 뜻으로, 100% 귀부회되어 건포도처럼 농축된 포도를 수확해 만든 와인을 말합니다.

경사가 70도에 가까운 모젤 지역 포도밭

손으로 선별해 수확한 포도를 이용하기 때문에 가격이 비쌀 수밖에 없습니다. 특히 라인강을 따라 형성된 모젤은 고품질의 리슬링 와인이 생산되는 지역으로, 포도밭의 경사도가 무려 70도에 가까워 포도를 수확할 때 농부들이 허리춤을 밧줄로 묶고 일한다고 합니다.

프렌치 패러독스를 다양한 품종 개발로 극복하다!

화이트와인의 천국이자 달콤한 와인의 천국인 독일은 레드와인에 함유된 타닌의 유익함에 주목하는 전세계적인 트렌드, 즉 '프렌치 패러독스'* 때문에 와인산업이 한동안 침체기를 맞게 됩니다. 타닌을 함유하지 않은 화이트와인 품종에 대한 시장의 수요가 급감한 것이죠.

이후 시장의 요구에 부응해서 레드와인 품종도 활발히 개발하고 레드와인의 생산량 또한 늘려가는 추세에

◆ 프렌치 패러독스
(French Paradox)
프랑스인들이 미국인과 영국인 못지않게 고지방 식사를 하면서도 심장병에 덜 걸리는 현상을 말합니다. 세계보건기구(WHO)의 연구결과 그 원인이 레드와인 때문이라고 보고되었지요.

있습니다. 전세계에서 가장 활발하게 품종 연구를 하고 있으며, 다른 나라들과 달리 여러 품종의 교배를 통해 독일의 추운 날씨에 적합한 뮐러 트루카우(Müller Thrugau) 등 다양한 포도 품종을 개발하기도 합니다. 이러한 신품종들은 단일 품종으로 사용되기보다는 주로 블렌딩용으로 사용되고 있습니다. 또한 양조법에서도 최신의 기술과 장비를 이용해 품종의 고유성은 물론 독창성을 담아 시장경쟁력을 회복하고 있습니다.

와인병으로 지역을 구분할 수 있는 독일 와인

독일은 지역별로 와인병의 모양을 다르게 만들고 있습니다. 라인 지역은 갈색의 길쭉한 병이 특징이며, 모젤 지역은 녹색의 길쭉한 병, 프랑켄 지역은 둥글고 볼륨 있는 모양이 특징입니다.

독일의 지역별 와인병 비교

라인 지역	프랑켄 지역	모젤 지역
갈색의 길쭉한 병 모양이 특징이며, 로마네스크식 천장 문양의 엠보싱이 되어 있습니다.	코냑처럼 둥글고 볼륨이 있는 병 모양이 프랑켄 지역 와인의 특징입니다.	녹색의 길쭉한 병 모양이 모젤 지역 와인의 특징입니다.

명품 와인잔의 나라, 오스트리아

유럽 중동부의 젖줄인 다뉴브강을 따라 볼프강 아마데우스 모차르트의 아름다운 선율이 흐르는 오스트리아. 중세시대 합스부르크 왕조에 의해 나라의 기틀이 다져진 오스트리아는 모차르트 외에도 하이든, 슈베르트 등 역사상 최고의 음악가를 배출한 클래식의 본고장이기도 합니다. 또한 세계 최고의 와인글라스를 생산하는 리델(Riedel, 24장 〈잠깐만요〉 참고)의 본사가 위치해 있는 곳이기도 하지요. 레드와인이 주로 생산되는 여타의 유럽국가들과 달리 화이트와인이 많이 생산됩니다.

치욕적인 부동액 와인 스캔들

로마시대 때부터 이어져 내려온 오스트리아의 포도산업은 유럽의 여느 나라 못지않은 유구한 역사에도 불구하고 한순간의 잘못된 선택으로 피폐의 길을 걷게 됩니다. 이른바 1985년의 '디에틸렌 글리콜(Diethylene Glycol) 스캔들'인데요. 오스트리아의 몇몇 네고시앙들이 좀더 좋은 맛을 내기 위해 자동차 부동액의 일종인 이 성분을 와인에 섞어 고급 와인으로 속여 수출한 것이 밝혀진 것이지요. 이후 오스트리아 와인은 전세계적으로 외면을 받게 됩니다.

오스트리아 와인이 글로벌화되지 못한 또 한 가지 이유는 생산량이 많지 않아 내수용 생산에만 너무 치중했기 때문입니다. 생산량의 70~80%가 국내에서 팔려 나머지 소량만이 인근 독일로 수출될 정도였거든요. 상황이 그렇다 보니 미국과 다른 유럽으로 진출할 필요성을 느끼지 못한 것입니다.

품질개량으로 권토중래를 꿈꾼다! 스캔들이 전화위복!

하지만 요즘에는 오스트리아 역시 적극적인 해외진출을 통해 자국 와인의 우수성을 알리고 과거의 명성을 되찾고자 와인 연구와 개발에 박차를 가하고 있습니다. 특히 경쾌한 과실의 풍미와 산뜻한 맛의 화이트와인 품종인 그뤼너 벨트리너(Grüner Veltliner)를 비롯해서 피노 누아의 현지 이름인 블라우부르군더(Blauburgunder) 등 토착품종의 품질개량으로 와인 애호가와 평론가들로부터 점차 좋은 평을 받고 있습니다.

당차고 발랄한 느낌의 〈피가로의 결혼〉 서곡을 들으며 그뤼너 벨트리너처럼 산뜻하면서 우아한 향의 오스트리아 와인 한잔을 곁들인다면 더욱 감미로운 휴식 시간이 되지 않을까요?

독일 와인의 등급체계

귀부 와인과 아이스 와인으로 유명한 독일 와인의 경우 와인의 등급이 포도의 수확시기나 당도에 따라 달라지는 것이 특징적입니다. 좋은 와인일수록 당도뿐 아니라 복합적인 풍미와 긴 여운을 가지고 있지요. 독일 와인은 크게 특정한 지역에서 생산한 퀄리티 와인과 테이블 와인으로 나뉩니다.

우수한 품질의 Q.m.P

(Qualitätswein mit Prädikat, 크발리테츠바인 미트 프레디카)

퀄리티 와인 중 특징이 있는 좋은 품질의 와인들을 모아놓은 등급입니다. 포도의 성숙도와 당도에 따라 6가지 등급으로 나뉩니다. 등급이 높을수록 수확시기가 늦고 당도가 높으며, 가당은 허용되지 않습니다.

포도의 성숙도와 당도에 따른 분류(6등급)

1	2	3	4	5	6
Trockenbeeren auslese (트로켄베렌 아우스레제)	Eiswein (아이스바인)	Beerenauslese (베렌아우스레제)	Auslese (아우스레제)	Spätlese (슈패트레제)	Kabinett (카비네트)
100% 귀부병에 걸려 건포도처럼 된포도만 엄격하게 선별해서 만든 와인으로 가장 스위트한 와인이 만들어집니다.	12월에 포도가 언 상태에서 수확해 만드는 와인으로 스위트한 와인이 만들어집니다.	아우스레제보다 좀더 늦게 수확해서 만드는 와인으로, 귀부병에 걸린 포도 알맹이만 이용해 스위트한 와인이 만들어집니다.	슈패트레제보다 더 늦게 수확해 귀부병에 걸린 포도를 섞어 만드는 와인으로 드라이한 타입부터 스위트한 타입까지 만들어집니다.	카비네트보다는 늦게 수확해서 만드는 와인입니다. 슈패트레제와 카비네트는 드라이한 타입부터 스위트한 타입까지 만들어집니다.	가장 먼저 수확한 포도로 만들어 수확 당시 포도 당도가 가장 낮습니다.

법적으로 허가받은 지역에서 생산된 와인 Q.b.A

(Qualitätswein Bestimmter Anbaugebiete, 크발리테츠바인 베스팀터 안바우게비터)

'지정된 지역에서 나는 질 좋은 와인'을 뜻하는 말로 13개 지역에서만 생산되며, 알코올 도수를 높이기 위한 보당*이 가능합니다. 레이블에는 주로 'Qualitätswein'으로 표시됩니다.

◆ 보당(補糖), 가당(加糖)

말 그대로 당분을 보충하는 것입니다. 이 방법을 고안해 낸 화학자의 이름을 따 샵탈화(Chaptalization)라고도 합니다. 단맛을 얻기 위해서가 아니라 주로 알코올 도수를 높이기 위해 사용합니다. 보통 퀄리티 와인은 대부분 보당을 금지하고 있지만, 독일처럼 일조량이 부족한 나라에서는 가장 우수한 등급인 프레디카츠바인급 외에는 보당을 허용하고 있습니다.

일반 소비 와인 등급 Landwein(란트바인)

지정된 지역에서 생산되어 원산지가 표시되는 와인이지만 상대적으로 낮은 등급에 속합니다.

가장 낮은 등급 Tafelwein(타펠바인)

테이블 와인 등급에 해당합니다.

한눈에 보는 유럽 와인 등급

- 각 나라별 등급은 위에서 아래로 내려갈수록 낮아집니다.

프랑스

- 등급에서 ( ) 안은 EU 기준

등급	레이블 표기
A.O.C (A.O.P)	Appellation 지역명 Contrôlée(아펠라시옹 '지역명' 콩트롤레) 또는 Appellation 지역명 Protégée(아펠라시옹 '지역명' 프로테제)
Vin de Pays (I.G.P)	Vin de Pays(뱅 드 페이) 또는 Indication Géographique Protégée(인디카시옹 제오그라피크 프로테제)
Vin de Table (Vin de France)	Vin de Table(뱅 드 타블) 또는 Vin de France(뱅 드 프랑스)

- 프랑스의 부르고뉴 지역에서는 A.O.C 등급을 4개 등급으로 분류하여 표기합니다.
  1. Grand Cru(그랑크뤼) → Appellation 포도밭명 Contrôlée
  2. Premier Cru(프리미에 크뤼) → Appellation 마을명 1er Cru 포도밭명 Contrôlée
  3. Communal A.O.C(코뮈날 A.O.C) → Appellation 마을명 Contrôlée
  4. Regional A.O.C(레지오날 A.O.C) → Appellation 지역명 Contrôlée

이탈리아

- 등급에서 ( ) 안은 EU 기준

등급	레이블 표기
D.O.C.G (D.O.P)	Denominazione di Origine Controllata e Garantita(데노미나지오네 디 오리지네 콘트롤라타 에 가란티타) 혹은 Denominazione di Origine Protetta(프로테타)
D.O.C (D.O.P)	Denominazione di Origine Controllata 또는 Denominazione di Origine Protetta
I.G.T (I.G.P)	Indicazione Geografica Tipica(인디카지오네 제오그라피카 티피카) 또는 Indicazione Geografica Tipica Protetta
Vino da Tavola (Vino d'Italia)	Vino da Tavola(비노 다 타볼라) 또는 Vino d'Italia(비노 디탈리아)

스페인

• 등급에서 ( ) 안은 EU 기준

등급	레이블 표기
Vinos de Pago	Pago 와이너리명(파고 '와이너리명') 또는 Vino de Pago 와이너리명(비노 데 파고 '와이너리명')
D.O.Ca (D.O.P)	Denominación de Origen Calificada(데노미나시온 데 오리헨 칼리피카다) 또는 Denominación de Origen Protegida(프로테히도)
D.O (D.O.P)	Denominación de Origen 또는 Denominación de Origen Protegida
V.C.I.G (I.G.P)	Vinos de Calidad con Indicación Geográfica(비노 데 칼리다드 콘 인디카시온 제오그라피카) 또는 Indicación Geográfica Protegida
Vino de la Tierra (I.G.P)	Vino de la Tierra(비노 데 라 티에라) 또는 Indicación Geográfica Protegida
Vino de Mesa (Vino de España)	Vino de Mesa(비노 데 메사) 또는 Vino de España(비노 데 에스파냐)

독일

등급	레이블 표기
Q.m.P	Prädikatswein(프레디카츠바인)
Q.b.A	Qualitätswein(크발리테츠바인)
Landwein	Landwein(란트바인)
Tafelwein (Deutscher Wein)	Tafelwein(타펠바인) 또는 Deutscher Wein(도이츠 바인)

• 독일에서는 '프레디카츠바인'을 포도 당도에 따라 6등급으로 나누어 표시합니다.

   1. Trockenbeerenauslese(트로켄베렌아우스레제) → 당도 가장 높음

   2. Eiswein(아이스바인)

   3. Beerenauslese(베렌아우스레제)

   4. Auslese(아우스레제)

   5. Spätlese(슈패트레제)

   6. Kabinett(카비네트) → 당도 가장 낮음

42

과학적 제조기법으로
유럽 콤플렉스를 극복한 미국 와인

18세기 남미에서 올라온 수도사들이 종교의식용 와인의 필요성을 느껴 포도를 재배하고 와인을 만들어 사용한 것이 미국 와인의 시초였습니다. 그러다가 캘리포니아 일원에서 금광이 발견되고 골드러시*가 시작돼 세계 각지의 이주민들을 끌어모았지요. 이는 와인을 비롯한 미국식 주류문화가 활성화되는 중요한 계기였습니다.

◆ 골드러시(Gold Rush)

19세기 미국에서 금광이 발견된 지역으로 사람들이 몰려든 현상을 말합니다. 1848년 미국 캘리포니아에서 금광이 발견되면서 1870년대까지 미국 여러 지역에서 금광 붐을 형성하게 됩니다.

포도가 자라기에 완벽한 동서남북의 조화, 캘리포니아

미국 와인 생산량의 90%를 담당하고 있는 캘리포니아는 동쪽으로 사막을 등지고 서쪽으로는 태평양을 바라보는 무덥고 건조한 지역입니다. 하지만 알래스카의 차가운 공기를 동반한 바닷바람 덕분에 연중 온화한 기온이 유지되지요. 아침마다 산중턱을 포근히 감싸는 안개는 와인이 산도를 형성하는 데 매우 중요한 역할을 담당한답니다. 이처럼 캘리포니아는 포도가 천천히 무르익는 천혜의 자연조건을 갖추고 있는 곳입니다.

세계 와인사의 대반전, 파리의 심판

미국 와인은 전세계 와인산업 황폐화의 주범이었던 필록세라(56장 참고)의 발원지라는 오명을 얻기도 했지만, 다윗과 골리앗의 싸움으로 비유되었던 프랑스 그랑크뤼 와인과의 한판대결에서 압승을 거두면서 그 위상이 매우 높아지게 됩니다. '파리의 심판'이라고도 불리는 이 사건은 1976년 열린 블라인드 시음회에서 모두의 예상을 뒤엎고 프랑스 보르도 와인이 아닌 캘리포니아 와인이 1위를 차지한 사건입니다. 이 사건을 영화화 한 것이 바로 〈와인 미라클〉(2008)입니다.

이 사건은 프랑스인들에게는 커다란 충격을 가져다 줬지만, 와인업계에서 찬밥 신세를 면치 못하던 미국 와인이 국제무대에서 인정받는 계기가 되었죠. 이후 1986년, 2006년에도 테스트가 있었지만 또다시 캘리포니아 와인이 우승을 거두었습니다.

와인의 대중화를 선도한 미국 와인

미국 와인은 프랑스 와인과의 '세기의 대결'에서 모두 승리하고 세계 와인업계의 새로운 강자로 발돋움하게 됩니다. 그러면서 캘리포니아 와인을 앞세워 와인의 대중화를 선도하는 역할을 자임하는데요.

미국의 캘리포니아 와인은 과학적인 기법과 대중성 그리고 표준화를 제시한 것으로도 유명하지요. 미국은 짧은 역사에도 불구하고 세계 와인시장을 좌지우지하는, 명실상부한 와인 강국이랍니다.

미국 와인산업은 캘리포니아 와인의 거장 로버트 몬다비(Robert Mondavi)를 필두로 1960년대에 들어서야 와인의 근대화가 이루어졌을 정도로 그 역사가 짧습니다. 그럼에도 불구하고 프랑스 그랑크뤼 와인인 '샤토 무통'을 만드는 무통 로칠드 사와 제휴해 '오퍼스 원'(Opus One)이라는 프리미엄급 와인을 탄생시키면서 새로운 가능성을 보여주었습니다.

또한 미국이 와인 대중화를 주도하기까지 저그 와인(Jug Wine)의 힘이 컸습니다. 저그 와인은 3~5리터 이상의 큰 병에 담아 파는 저렴한 와인을 말하지요. 자신이 직접 통을 가져와 와이너리에서 와인을 사가던 것이 저그 와인의 시초입니다. E&J 갈로(Gallo)의 저그 와인은 단일 브랜드로는 세계 최고의 생산량으로 와인 대중화를 주도했습니다.

오퍼스 원

미국의 저그 와인

이탈리아의 품종 진판델로 이룬 대중화

세계 각지의 이주민들이 쌓아올린 다양성의 역사는 미국 와인에도 고스란히 담겨 있습니다. 캘리포니아에서 가장 많이 재배되는 품종인 진판델* 역시 이탈리아에서 전해진 품종으로 미국 캘리포니아에서 가장 많이 재배되는 레드와인 품종입니다. 포도알이 굵고 검푸르며, 달콤하고 즙이 많습니다. 이탈리아에서는 프리미티보(Primitivo)라 부릅니다. 자세한 설명은 21장을 참고하세요.

미국의 토착품종이 아니라 이탈리아에서 건너온 품종으로 알려져 있습니다.

진판델 품종은 고가의 와인에도 쓰이지만 주로 저가 와인에 많이 사용되는데요. 타닌이 적고 잔당이 풍부해서 농익은 맛을 내기 때문에 초보자는 물론 와인 애호가들에게도 사랑받으며 대중적인 와인으로 자리잡았습니다.

일정한 품질과 맛을 유지하는 미국 와인

매년 빈티지에 따라 맛과 품질이 달라지는 유럽 와인과 달리 미국 와인은 빈티지와 관계없이 매해 일정한 품질로 생산되는 장점을 가지고 있습니다. 연중 온화하고 일정한 기후조건 덕분에 비교적 큰 편차 없이 포도를 재배할 수 있기 때문이죠. 더불어 오크의 풍미를 강조하는 경향 때문에 획일적인 맛이 강조되는 것도 미국 와인의 특징입니다. 그래서 때로는 유럽의 경쟁자들로부터 "테루아가 필요 없는 천편일률적인 와인"이라는 혹평을 받기도 합니다.

물론 어느 쪽이 더 좋고 나쁘다고는 할 수 없겠죠. 결국 판단은 개인의 입맛과 취향에 달린 것이니까요.

풍부한 땅, 나파 밸리

인디언 언어로 '풍부한 땅'이라는 뜻을 지닌 나파 밸리(Napa Valley)는 샌프란시스코 북동쪽에 위치한 지역입니다. 포도의 생산량이 많지는 않지만 나파 계곡 주변에 남북으로 길게 형성된 포도밭에 소규모의 부티크 와이너리부터 대규모 와이너리까지 폭넓게 포진해 있습니다. 캘리포니아 최초의 기업형 와이너리인 로버트 몬다비가 위치한 곳이기도 하지요.

이곳은 미국 프리미엄 와인 산지의 대표 격입니다. 특히 카베르네 소비뇽이 자라기에 최상의 자연조건을 갖추고 있어, 이 품종을 베이스로 하는 프리미엄급 레드와인이 만들어지고 있습니다. 그중에서도 '오퍼스 원'은 나파 밸리를 대표하는 최고의 와인, '스크리밍 이글'은 미국 컬트 와인*의 원조로 명성이 높습니다.

◆ 컬트 와인
제한된 수량의 최고급 와인을 말합니다. 자세한 내용은 34장을 참고하세요.

거칠면서도 소박한 소노마 밸리

소노마 밸리(Sonoma Valley)는 이웃한 나파 밸리의 명성에 눌려 빛을 발하지 못하고 있는 곳이기도 합니다. 나파 밸리가 화려한 부자들의 마을이라면,

나파 밸리 포도밭

소노마 밸리는 순수하고 소박한 평민들의 마을이라 할 수 있지요.

　소노마는 태평양 연안에 가까워 서늘한 해안지대를 제외하고는 나파의 기후와 대체로 비슷합니다. 해안가 쪽에서는 훌륭한 화이트와인이 생산되며, 나파와 인접한 산지에서는 나파와 견주어도 손색이 없는 좋은 레드와인이 생산됩니다. 켄우드(Kenwood), 샤토 생진(Chateau St. Jean) 등의 와이너리가 이곳에 위치합니다.

잠깐만요

레드와 화이트 사이, 화이트 진판델

화이트 진판델은 미국을 대표하는 가장 대중적인 와인으로 프랑스의 로제와인과 비슷합니다. 1970년대 초 미국 캘리포니아의 셔터 홈 (Sutter Home)이라는 와이너리에서 적포도 품종인 진판델을 달콤한 로제와인 형태로 발효시켜 처음 소개했습니다.

1970년대의 미국은 레드와인보다는 화이트와인을 대중적으로 마셨기 때문에 캘리포니아 기후에서 잘 재배되는 진판델을 이용해 화이트와인처럼 가볍게 마실 수 있는 와인을 만들어낸 것이지요. 적포도즙이 너무 붉은색을 내기 전에 재빨리 껍질을 분리해 연한 핑크빛을 내고 당분이 모두 알코올로 변하기 전에 발효를 끝내 달콤한 맛이 남아 있습니다. 알코올 도수가 낮고 상큼하고 달콤한 맛을 내 부담없이 마실 수 있습니다.

43

저렴한 가격과 훌륭한 품질의 신흥세력, 칠레 & 남미 와인

칠레는 전세계에서 필록세라 피해를 입지 않은 유일한 나라입니다. 포도 재배에는 천혜의 자연조건을 갖추고 있지만 오랜 내전과 치안불안, 폐쇄정책 등으로 와인산업이 제대로 발전하지 못한 곳이기도 하지요. 1990년대에 이르러 문호가 개방되어서야 비로소 해외자본이 유입되고 품질개량이 꾸준히 이루어져 오늘날에는 저렴한 가격으로 세계 와인시장을 활발히 공략하고 있답니다.

남미 와인의 주요 생산지 칠레

16세기 스페인의 정복자들을 따라 남아메리카까지 온 수도사들은 미사와 각종 의식에 사용할 와인을 마련하기 위해 직접 포도를 재배하고 와인을 만들었습니다. 처음에는 캐러비안, 멕시코, 페루 같은 북쪽 지방에서 주로 포도를 재배했지만, 오늘날에는 안데스산맥을 따라 형성된 칠레와 아르헨티나에서 집중적으로 양조용 포도 재배가 이루어지고 있지요.

필록세라도 들어오지 못한 칠레의 지형구조

　세계에서 가장 긴 나라인 칠레는 독특한 지형구조 탓에 북쪽으로는 세계에서 가장 메마르고 건조한 아타카마사막이, 남쪽으로는 화산지대와 남극대륙의 영향을 받는 지역이, 서쪽으로는 태평양의 푸른 물결이, 동쪽으로는 해발 6,000미터에 달하는 안데스산맥이 버티고 있답니다. 말 그대로 요새나 다름없는 지형 때문에 전세계에서 유일하게 필록세라의 마수를 피할 수 있었던 것이죠. 이처럼 병충해에 강한 지리적 요건, 안데스산맥의 빙하에서 녹아내리는 청정수, 일조량이 많고 일교차가 큰 날씨 등으로 포도 재배에 매우 유리한 환경이라 할 수 있습니다.

칠레에서만 자라는 프랑스 포도 품종이 있다!

◆ 돈 실베스트레 오차가비아
(Don Silvestre Ochagavia)
프랑스의 고급 포도 품종을 가져와 칠레에 가장 먼저 심은 인물로, 칠레 와인의 개척자입니다.

◆ 마이포 밸리(Maipo Valley)
산티아고 근교에 자리한 칠레의 전통적인 와인 산지. 레드와인으로 특히 유명하며 고도와 지형에 따라 다양한 품질의 와인이 생산됩니다.

　칠레에서는 특히 프랑스 포도 품종이 많이 재배됩니다. 19세기 중반 돈 실베스트레 오차가비아*가 프랑스인 양조전문가를 칠레로 불러들이면서 재래 포도종인 파이스(Pais) 대신 유럽에서 가져온 카베르네, 메를로 등의 품종을 마이포 밸리*에서 재배하고 포도 재배와 현대식 양조 기술을 도입하면서 근대화를 꾀하기 시작했습니다. 이후 카르멘(Carmen), 콘차 이 토로(Concha y Toro), 산타리타(Santa Rita) 등의 와이너리들이 속속 설립되면서 칠레 와인산업의 뿌리가 형성되었습니다.

1994년에는 그동안 메를로 품종이라 여겨졌던 것이 프랑스의 한 육종학자에 의해 카르메네르(Carmenere)라고 판명된 사건도 있었답니다. 이후 카르메네르는 세계적인 스타로 발돋움했는데요. 사실 이 품종은 필록세라 사태 이전에 칠레에 전파된 것이었습니다. 원래 이 품종은 보르도 주변에서 많이 재배되던 것이지만, 재배하기가 까다롭고 병충해에도 취약해 필록세라 사태 이후에는 보르도에서 더 이상 재배되지 않았습니다. 말하자면 잊혀졌던 프랑스 포도나무가 칠레에서 재발견된 셈이죠. 이제 카르메네르는 칠레에서만 자랄 수 있는 프랑스 품종이 되었고요.

가격 대비 훌륭한 품질로 승부한다!

내전과 폐쇄정책으로 50여년간 침체기를 맞았던 칠레 와인산업은 1980년대 후반 문호를 개방하고 해외자본이 빠르게 유입되면서 급속히 성장하게 됩니다. 칠레 와인의 잠재적 가능성을 깨달은 미국과 유럽의 와이너리들이 앞다투어 돈뭉치를 들고 칠레에 터를 잡기 시작한 것이죠. 콘차 이 토로가 로스차일드 가문의 '바론 필립 드 로칠드'와 합작해 만드는 '알마비바', '돈 멜초'[*] 등의 와인들이 바로 이때부터 만들어졌지요. 이후 30여년도 채 지나지 않았지만 지금 칠레 와인은 당당히 전세계 와인산업의 한 축을 담당하고 있습니다.

적극적인 품종개량, 최신장비와 기술 도입 등 현대화를 꾀하면서도 오크의 전통적 풍미를 강조하는 칠레 와인은 미국 와인과 마찬가지로 빈티지의 영향을 거의 받지 않는 것으로 정평이

◆ 알마비바(Almaviva), 돈 멜초(Don Melchor)
보르도 5대 와인 중 하나인 샤토 무통 로칠드를 만드는 팀과 칠레의 와이너리인 콘차 이 토로가 함께 만들어낸 칠레의 최고급 와인을 말합니다.

나 있습니다. 무엇보다 저렴한 가격에 비해 품질이 뛰어나 세계시장에 쉽게 안착할 수 있었습니다.

전통 있는 와이너리가 밀집된 마이포 밸리

안데스산맥과 코스탈산맥 사이에 위치한 전통적인 와인 산지로 칠레 수도인 산티아고와 가까워 운반이 유리하고, 밤낮의 기온차가 심해 포도 재배에 적합한 곳입니다. 특히 카베르네 소비뇽이 자라기에 적합한 환경이어서 이 품종을 베이스로 하는 양질의 와인들이 생산되고 있습니다. 콘차 이 토로, 쿠지노 마쿨(Cousino Macul) 등 유명 와이너리들이 이 지역에 많이 몰려 있습니다.

레드와인의 중심지 콜차구아 밸리

콜차구아 밸리(Colchagua Valley)는 지난 20여년 사이에 조용한 농촌마을에서 칠레 내에서 가장 훌륭한 레드와인 산지로 급작스런 변화를 겪은 곳입니다. 국내에서도 인기가 많은 '몬테스 알파 엠'(Montes Alpha M)을 생산하는 몬테스, '클로 아팔타'(Clos Apalta)로 유명한 라포스톨(Lapostolle) 등 칠레 프리미엄급 와인을 생산하는 와이너리가 이곳에 많이 위치합니다. 카베르네 계열과 쉬라즈, 카르메네르 등의 품종을 이용한 레드와인이 주를 이루는데요. 특히 아팔타(Apalta) 지역은 프랑스 그랑크뤼급, 미국의 나파 밸리 와인과 견줄 만한 최고의 레드와인이 만들어지는 지역이랍니다. 지금까지도 대규모 자본 유입이 이루어지고 있고요.

선선한 기후의 카사블랑카 밸리

카사블랑카 밸리(Casablanca Valley)는 화이트와인 품종을 재배하기 위해 더 선선한 기후조건을 찾는 과정에서 새롭게 발견된 지역으로, 칠레에서도 손꼽히는 절경을 자랑합니다. 선선한 기후 덕에 화이트와인 품종의 재배가 활발히 이루어지고 있는데요. 특히 질 좋은 샤르도네와 피노 누아를 이용한 와인이 생산되고 있답니다.

44

찰스 디킨스가 칭송한 달콤함,
남아공 와인

남아프리카공화국의 토착민족 줄루족이 와인을 만든다? 실제로 유럽 백인들의 전유물로만 알려진 와인이 아프리카 대륙 남단 끝자락에서 만들어지고 있답니다. 남아프리카공화국은 진흙 속의 진주 같은 훌륭한 와인이 생산되는 국가입니다.

식민지의 아픔을 녹여낸 달콤함

남아공 와인의 역사는 한때 유럽의 해상무역을 독점한 네덜란드의 동인도회사가 아시아 무역의 보급기지로 케이프타운(Cape Town)을 건설하면서 시작됩니다. 1652년, 네덜란드 동인도회사가 대서양과 인도양이 만나는 곳을 해상무역의 경유지로 삼으면서 토착민족인 줄루족을 몰아내고 오랜 항해로 지친 선원들의 휴식처로 삼은 곳이 남아공 케이프타운이지요.

케이프타운 전경

이후 1655년 당시 케이프를 통치하던 얀 반 리베크(Jan van Riebeeck)가 포도나무를 심고 몇 년 뒤 와인을 만든 것이 남아공 와인의 시작입니다. 즉, 남아공은 350여년이 넘는 오랜 와인 역사를 가진 나라랍니다.

또한 17세기 말 종교분쟁으로 프랑스에서 이주해 온 신교도들이 케이프타운에 삶의 터전을 잡고 포도를 재배하며 남아공 와인의 품질을 한 단계 업그레이드시키게 됩니다. 이후 19세기 초에 케이프타운의 소유권이 네덜란드에서 영국으로 넘어가면서 다량의 남아공 와인이 영국으로 수출되기 시작했죠.

하지만 필록세라의 피해는 이곳도 피할 수 없는 것이어서 19세기 말 와인 산업이 거의 황폐화 되고 이후 침체기를 걷다가 1970년대에 이르러서야 과학적인 와인 양조 시설을 갖추고 자신들만의 노하우를 쌓아가게 됩니다.

역사적 유명인사들이 극찬한 남아공 스위트 와인

남아공은 전통적으로 화이트와인은 물론 스위트 와인이 많이 생산되던 곳입니다. 특히 클레인 콘스탄시아(Klein Constantia)에서 생산되는 스위트 와인인 뱅 드 콘스탄스(Vin de Constance)가 유명합니다.

세인트헬레나 섬에서 귀양살이를 하던 나폴레옹이 뱅 드 콘스탄스를 마시며 울화와 서글픔을 달랬다는 일화가 있답니다. 나폴레옹만이 아니라 프랑스의 루이 필립 왕, 러시아의 프레드릭 대제 등에게도 사랑받았으며, 찰스 디킨스나 제인 오스틴 같은 문호들 역시 작품을 통해 남아공의 스위트 와인을 칭송한 바 있습니다.

남아공에서만 유일하게 재배되는 피노타주

◆ 생소(Cinsault)
더운 기후에서 잘 자라는 품종으로 가벼우면서 타닌이 적고 산도가 높은 것이 특징입니다.

◆ 케이프 블렌딩
와인 양조의 정석으로 알려진 보르도 블렌딩을 변형시킨 남아공만의 양조방식입니다. 카베르네 소비뇽에 메를로, 카베르네 프랑 등을 섞어서 만드는 보르도 블렌딩과 유사하게, 케이프 블렌딩은 피노타주나 슈냉 블랑을 10~70% 정도 기본으로 사용하고 나머지는 다른 포도 품종을 섞어 와인을 만듭니다.

피노 누아와 생소*를 교배해 만든 피노타주(Pinotage)는 남아공에서만 재배되는 유일한 포도 품종인데요. 남아공 양조학의 최고 권위를 자랑하는 스텔렌보쉬대학의 한 교수에 의해 1925년에 개량된 품종입니다. 당시 남아공에서는 생소를 에르미타주(Hermitage)라 불렀기 때문에 피노와 타주를 합쳐 '피노타주'라는 이름이 붙은 것입니다.

피노타주는 깎으면 깎을수록 신비로운 자태를 드러내는 보석과 같이 처음에는 터프하고 강건한 맛을 내다가 숙성되면서 점점 피노 누아처럼 섬세한 풍미로 변해 가는 특징이 있습니다. 마실수록 특별한 개성이 느껴지지요.

또한 남아공 와이너리들은 보르도 블렌딩에 맞서 케이프 블렌딩*이라는 독창적인 블렌딩 기법을 사용하고 있답니다.

스위트 와인은 물론 독창적인 레드와인까지 생산

과거 남아공에서는 스위트 와인이 주요 생산품목이었지만 이제는 글로벌 시장의 요구에 따라 다양하고 독창성 있는 레드와인도 생산하고 있습니다. 남아공 와인은 기후와 토양의 특성으로 인해 포도에 당분이 많아, 높은 알코올 도수와 농익은 중후한 맛이 특징입니다. 포도 품종은 피노타주 외에도 슈냉 블랑, 카베르네 소비뇽, 샤르도네 등 다양한 품종이 재배되고 있는데요. 특히 쉬라즈처럼 더운 지방에서 잘 자라는 품종을 이용했을 때 좀더 화려하고 세련된 맛을 이끌어내기도 합니다. 숙성시 새 오크통을 사용하는 다른 국가들과 달리 이곳에서는 새 오크통은 물론 2, 3년 된 오크통도 많이 사용하고 있습니다.

겹겹이 둘러싸인 산맥의 보호 아래 깊이 숨어 지내던 과거와 달리 오늘날 남아공 와인은 당당히 세계로 진출해 고유한 매력을 아낌없이 발산하고 있습니다. 게다가 개발의 여지가 무궁무진해 해외자본의 유입과 품질개량이 계속되고 있지요.

남아공 최고의 와인산업 지역 콘스탄시아

콘스탄시아(Constantia)는 케이프타운 내에 위치한 남아공 와인사업의 발원지입니다. 달콤한 맛을 지닌 스위트 와인으로 유명한 곳이지요. 해안가에 위치해 선선한 해양성 기후의 영향을 받아 화이트와인과 스위트 와인이 잘 만들어집니다.

특히 이곳에 위치한 클레인 콘스탄시아(Klein Constantia)에서 만든 스위트 와인은 동인도회사를 통해 유럽에 전파되어 예부터 품질의 우수성을 인정받고 있습니다. 클레인 콘스탄시아는 4세대에 걸친 오랜 역사를 간직한 채 이 지역과 남아공을 대표하는 최고의 와이너리로 지금껏 굳건히 제자리를 지키고 있답니다.

남아공 와인산업의 중추 지역 스텔렌보쉬

스텔렌보쉬에 있는 텔레마 마운틴 와이너리 전경

케이프타운 동쪽에 위치한 스텔렌보쉬(Stellenbosch)는 남아공 와인 산업에 있어 중추적인 역할을 하는 곳입니다. 주변을 겹겹이 둘러싸고 있는 산들이 포도밭을 보호해 주는 중요한 역할을 하고 있지요. 토양이 우수하고 포도 재배에 이상적인 조건을 갖추고 있어 지금도 해외자본의 유입이 끊이지 않는 곳입니다. 아직도 발전의 여지가 충분한 와인 산지인 셈이죠. 남아공을 대표하는 훌륭한 와이너리들이 오밀조밀 밀집해 있는데요. 피노타주의 우수성을 전세계에 알린 캐논캅(Kanonkop), 민트 카베르네 소비뇽으로 유명한 텔레마 마운틴(Thelema Mountain) 와이너리 등이 위치해 있습니다.

새로운 혁명의 진원지 스와트랜드

스와트랜드(Swartland)는 밀 주산지로 소규모 포도밭들만 조금 있을 뿐 와인산업 비중이 그리 크지 않은 곳이었지만 지금은 젊은 와인 메이커들로 인해 가장 빠르게 성장하고 있는 지역 중 하나입니다.

다른 지역에 비해 상당히 무덥고 건조하여 병충해의 영향을 적게 받으나 생산량이 다소 적은 단점이 있습니다. 최근 젊은 와인 메이커들이 속속들이 모여들기 시작하면서 포도밭이 점차 확대 개간되고 있죠. 자연 친화적인 방법으로 포도를 재배하고 양조 과정에서도 인공적인 간섭을 최소화하는 내추럴 와인을 생산하기 위해 힘쓰고 있습니다.

젊은 와인 메이커들로 인해 틀에 얽매이지 않은 독특한 블렌딩을 선보이며, 위트 있고 스토리가 있는 레이블 등으로 젊은 감각의 와인들이 생산되는 곳이라 할 수 있습니다.

스와트랜드에서 만들어지는 내추럴 와인임을 인증해주는 SIP 씰

내추럴 방식으로 만들어지는 인텔
레고 와이너리의 케둥구

45

대기업의 체계적인 관리,
호주 와인

호주는 최첨단 기술력을 바탕으로 와인을 생산하는 국가입니다. 또한 프랑스가 원산지인 시라(Syrah) 품종을 프랑스보다 더 우수한 품질로 재배하는 곳이기도 합니다.* 원산지인 프랑스를 제치고 '시라의 고향'이라 불릴 정도죠. .

◆ 시라와 쉬라즈
프랑스가 원산지인 시라(Syrah) 품종은 호주에서 쉬라즈(Shiraz)로 불립니다.

유럽 와인의 진화, 호주 와인

호주 와인의 역사 역시 유럽 이주민들에 의해 시작되었습니다. 특히 19세기 초에 보르도 지방에서 이주해 온 제임스 버스비(James Busby)가 유럽 각지의 포도나무를 들여오면서 호주 와인산업의 토대가 마련되었죠. 이후 골드러시로 더 많은 사람들이 이주하면서 주류문화가 활성화되고, 아울러 와인을 즐기게 되었죠. 당시에는 스위트 와인과 주정강화 와인, 브랜디 계열의 주류가 대부분이었습니다.

지역별로 토양의 특성이 달라 카베르네 소비뇽은 물론 샤르도네, 리슬링 등 전세계에서 재배되는 거의 모든 품종이 재배되는데, 특히 더운 지방에서 잘 자라는 쉬라즈, 그르나슈 등의 품종이 자라기에 더없이 좋은 환경이랍니다.

포도는 주로 남부 지역에서 재배되는데, 무덥고 건조하며 기온편차가 크지 않아 연중 일정한 온도를 유지하기 때문에 포도에 당분이 많아 풍부한 알코올 성분과 농축된 단맛을 만들어냅니다. 부드럽고 유순한 질감 때문에 상대적으로 타닌이 적게 느껴져서 와인 초보자들에게도 적합한 레드와인이 만들어지는 곳입니다.

시드니 남동쪽 헌터 밸리(Hunter Valley)에서 시작된 호주의 와인산업은 중간 지점인 바로사 밸리(Barrosa Valley)에 이르러 현존하는 최고의 쉬라즈 와인으로 정점에 이릅니다. 또한 대륙 서쪽 맨끝인 마가렛 리버(Magaret River) 역시 카베르네 소비뇽과 메를로, 샤르도네를 사용한 와인을 생산하며 새롭게 주목받고 있습니다.

화려한 주연으로 발돋움한 호주 쉬라즈

과거 프랑스 론의 후발주자로 시작된 쉬라즈의 운명은 펜폴즈(Penfolds)에서 만든 그랜지*로 인해 조연에서 당당히 주연으로 바뀌게 되었답니다. 당시에는 주정강화 혹은 브랜디 계열이 주를 이루었지만, 드라이한 타입의 와인을 만들기 위해 부단히 노력한 끝에 마침내 호주 쉬라즈만의 가능성과 잠재력을 충분히 표현한 그랜지를 만

✦ **그랜지(Grange)**
호주 대표 포도 품종인 쉬라즈를 사용해 만든 와인으로 전체적으로 향신료의 강한 풍미와 힘 있고 균형 잡힌 부드러운 질감을 가진 와인입니다. 초기에는 혹평을 받았으나, 시드니에서 열린 와인박람회에서 1955년산 그랜지가 금메달을 획득하면서 주목받게 되었습니다.

들어내게 됩니다. 이후 펜폴즈 그랜지는 유명 매체와 평론가들로에게 최고의 평가를 받고 있으며 2001년에는 호주 남부 문화재로 지정되어 '국보급 와인'이라는 별칭까지 얻었지요.

4대 와인그룹이 움직이는 호주 와인산업

호주는 다양한 브랜드를 거느린 거대 와인그룹이 와인시장의 대부분을 차지하는 것이 특징입니다. 펜폴즈와 린드만 등이 속한 사우스코프(Southcorpe), 울프 블라스, 캥거루 릿지 등이 속한 베린저 블라스(Beringer Blass), 컨스텔레이션 와인즈(Constellation Wines), 올랜도 윈담(Orlando Wyndham) 등 4대 기업에서 호주 와인의 대부분을 생산하고 있지요. 그래서 와인 생산 시설 역시 최첨단 시설의 자동화된 시스템이 대부분입니다. 또 와인을 만드는 데 있어 테루아뿐 아니라 좋은 포도 선별과 블렌딩을 중요하게 생각하지요.

캥거루 사진을 넣은 호주 와인 레이블

또한 레이블의 '빈(Bin) 444', '빈 555' 같은 용어는 호주 와인에서만 볼 수 있는 독특한 표현인데요. 여기서 '빈'은 와인을 저장하고 숙성시키는 창고를 뜻하고, 뒤의 숫자는 품종을 가리킵니다. 즉, 품종에 따른 저장창고를 의미하는 용어이지요. 품종 번호는 각 와이너리별로 독특한 일련번호를 가지고 있답니다. 예를 들어 윈담 에스테이트의 빈 555는 쉬라즈를 뜻하지요. 이와 같은 숫자 시리즈는 와인에 익숙하지 않은 초보자에게도 친밀하게 다가갈 수 있어 마케팅 측면에서도 유리한 점이 많습니다. 레이블의 이미지도 유럽 와인들처럼 클래식한 이미지보다는 코알라, 캥거루, 도마뱀 등 호주를 상징하는 동물들을 사용해 차별화를 꾀하고 있습니다.

쉬라즈의 메카, 바로사 밸리

사우스오스트레일리아주에 위치한 가장 유명한 포도 생산지인 바로사 밸리(Barossa Valley)는 쉬라즈 품종의 메카로 불리는 지역입니다. 쉬라즈의 교과서로 인정받을 정도로 가장 훌륭한 쉬라즈가 만들어지는 곳이지요.

160여년이 넘는 포도나무가 존재할 정도로 포도 재배에는 최적의 자연환경을 자랑합니다. 제이콥스 크릭(Jacobs Creek), 펜폴즈, 울프 블라스(Wolf Blass) 등 호주를 대표하는 와이너리들이 가장 많이 밀집해 있으며, 와이너리마다 개성을 담은 최고의 레드와인을 만들고 있습니다.

여유와 낭만의 지역, 마가렛 리버

호주 서쪽 맨끝 인도양에 인접해 거칠면서도 매력적인 해안선을 따라 형성된 마가렛 리버(Margaret River)는 때묻지 않은 한적한 시골의 여유와 낭만이 살아 있는 곳이랍니다. 선선한 바닷바람의 영향으로 좋은 화이트와인을 만들어내고 있는데요.

레드와인으로는 쉬라즈 단일 품종으로 만든 와인보다 카베르네 소비뇽과 메를로를 블렌딩한 것들이 훌륭합니다. 친환경 농법을 추구하는 컬런(Cullen)을 비롯해서 화이트와인의 절대강자인 '아트 시리즈(Art Series)'를 만들고 있는 르윈 에스테이트(Leeuwin Estate) 같은 와이너리들이 포진해 바로사 밸리 못지않은 훌륭한 와인들을 만들어내고 있습니다.

호주의 보르도, 쿠나와라

사우스오스트레일리아의 가장 남쪽에 위치한 쿠나와라(Coonawarra)는 '호주의 보르도'라 불릴 만큼 카베르네 소비뇽을 베이스로 하는 레드와인이 만들어지는 곳입니다. 특히 이곳의 포도밭은 테라 로사(Terra Rosa)라고 불리는 붉은빛 토양으로 유명합니다. 토양이 붉은색으로 보이는 이유는 땅 속의 철분이 산화되어 붉은 갈색으로 변하면서 토양 상층부가 붉게 보이기 때문입니다. 이러한 토양 성분은 특히 카베르네 계열이 자라기에 적합해 다른 지역에 비해 우수한 카베르네 소비뇽이 생산되고 있습니다.

46

깨끗한 자연이 만들어낸
뉴질랜드 와인

    뉴질랜드는 화이트와인용 품종인 소비뇽 블랑*을 잘 키워내는 곳으로 유명합니다. 호주와 마찬가지로 원산지를 능가하는 최고의 소비뇽 블랑 와인을 만들어내는 곳이지요.

    뉴질랜드에서는 호주 와인의 아버지라 불리는 제임스 버스비에 의해 1839년에 최초로 와인이 만들어졌습니다. 하지만 기술 부족, 철저한 금주법 등으로 인해 와인산업이 발전하기 시작한 것은 이후 150여년이 지난 후부터 이지요. 1990년대부터 새로운 품종과 현대적 시설 도입, 포도밭 개간 등으로 품질향상에 박차를 가해 점차 고품질의 와인을 선보이고 있습니다. 특히 소비뇽 블랑, 샤르도네, 피노 누아 등은 뉴질랜드를 대표하는 품종입니다.

◆ 소비뇽 블랑(Sauvignon Blanc)
화이트와인을 만드는 대표적인 청포도 품종입니다. 21장의 설명을 참고하세요.

원초적 대자연의 풍미, 뉴질랜드 와인

뉴질랜드의 포도밭은 주로 해안가 주변에 위치해 낮에는 태양이 강하게 내리쬐고, 밤이면 바다에서 선선한 바람이 불어와 포도가 천천히 익을 수 있는 이상적인 환경을 갖추고 있습니다. 기후가 선선해서 화이트와인 품종이 대부분을 차지하는데요. 특히 소비뇽 블랑의 천국이라 할 정도로 원산지인 프랑스 못지않은 최고의 화이트와인을 만들어내고 있습니다. 산도가 다소 강한 프랑스의 소비뇽 블랑과 달리 뉴질랜드의 소비뇽 블랑은 오렌지, 구스베리 등 과일의 풍미가 강한 것이 특징입니다.

레드와인 품종으로는 피노 누아가 가장 잘 자라는데, 부르고뉴의 피노 누아와 대적할 만한 고품질의 와인을 속속 선보이고 있습니다. 뉴질랜드의 순수하고 깨끗한 자연환경 속에 숨어 있는 무궁무진한 잠재력은 오래지 않아 세계 와인업계에 한차례 돌풍을 일으킬 것으로 예상됩니다.

20년 만에 톱클래스 와인을 생산해 낸 말보로

남섬에 위치한 말보로(Marlborough)는 뉴질랜드 최대의 와인 생산지로, 1970년대 와인산업이 시작된 이후 불과 20년 만에 비약적인 발전을 이룩한 곳입니다. 특히 빌라 마리아(Villa Maria), 클라우디 베이(Cloudy Bay) 등에서 선보이는 소비뇽 블랑으로 만든 화이트와인은 톱클래스 반열에 오를 정도로 훌륭한 품질을 자랑합니다. 그외에도 샤르도네와 피노 누아의 특성을 잘 표현하는 와인이 만들어지는 곳이기도 하지요.

풍부한 일조량이 특징인 호크스 베이

북섬에 위치한 호크스 베이(Hawke's Bay)는 뉴질랜드에서 두 번째로 넓은 포도 재배지역으로, 해양성 기후이면서도 일조량이 풍부한 곳이기도 합니다. 뉴질랜드에서 가장 오래된 와이너리인 미션 에스테이트(Mission Estate)와 소비뇽 블랑으로 유명한 실레니(Sileni)가 이곳에 위치합니다. 샤르도네를 비롯해서 카베르네 소비뇽, 메를로, 시라 등의 국제적인 품종을 이용한 다양한 와인을 선보이고 있습니다. 특히 소비뇽 블랑으로 만든 화이트와인과 보르도 스타일의 레드와인으로 유명한 지역입니다.

넷
째
마
당

친구·연인·비즈니스 파트너에게
아는 척하기 좋은
와인 상식!

47

와인은 언제부터
마시기 시작했을까?

와인의 시작은 이탈리아도 프랑스도 아니었다!

　신이 인간에게 내린 최고의 선물로 칭송받는 와인. 인류가 정확히 언제부터 와인을 마시기 시작했는지는 알 수 없으나 인류 역사상 최초의 와인 유물이 발견된 곳은 프랑스도 이탈리아도 아닌, 4대 문명의 발상지인 메소포타미아와 이집트 지역이랍니다. 지금의 그루지아* 지역에서 기원전 6000년경의 포도씨, 항아리, 와인 만드는 기구 등이 발견되었으며, 아르메니아 부근의 한 동굴에서는 기원전 4000년경의 와인 항아리와 압축기, 포도덩굴 등이 모여 있는 가장 오래된 와이너리의 흔적이 발견되기도 했습니다.

◆ **그루지아**
한국에서는 그루지아라고 불리지만 원래 국가 명칭은 조지아(Georgia)입니다. 러시아 남부, 흑해 연안에 위치한 나라죠.

　성경에는 노아가 인류 최초로 포도를 재배하고 와인을 만든 사람으로 기록되어 있지요. 당시 노아가 정착한 아라라트산은 지금의 터키 동부, 이란 북부, 아르메니아 국경 부근으로 초기 와인 유물이 발견된 곳과 일치합니다.

인간의 삶 속 깊숙이 들어온 와인

메소포타미아 지역에서 시작된 와인문화는 이집트, 페니키아인들을 거쳐 고대 그리스로 이어졌는데요. 처음으로 문헌에 등장하는 것은 기원전 1700년경 고대 바빌로니아 시대에 만들어진 함무라비 법전입니다. 함무라비 법전에 '와인에 물을 섞지 말라', '술주정을 하는 자에게는 와인을 팔지 말라' 등 와인 상거래에 대한 내용이 담겨 있는 것을 보면, 당시에도 와인은 인간 삶의 한 영역을 차지한 중요한 술이었음을 알 수 있습니다.

이집트 왕비 네페르티티는 와인을 향수로도 사용하였으며, 파라오가 죽어 무덤에 묻힐 때는 포도씨를 같이 묻어 사후세계에서도 와인이 부족하지 않도록 했다고 합니다. 당시 귀족사회에서 와인이 얼마나 중요했는지를 엿볼 수 있는 대목이지요. 그리스의 철학자 플라톤은 '신이 인간에게 준 최고의 선물'이라며 와인을 칭송하기도 했지요.

러시아 아래에 위치한 그루지아

와인, 단순한 술이 아닌 생명의 물

또한 와인을 단순히 마시기만 한 것이 아니라 치료를 위한 약으로 이용하기도 했답니다. 그리스의 유명한 의학자 히포크라테스는 적당한 양의 와인을 마시면 질병을 예방하고 건강을 유지할 수 있다고 했습니다.

더불어 전쟁에 나가는 군인들에게는 와인을 필수품으로 지급했다고 합니다. 식수로 이용하기 힘든 물에 와인을 타서 마시는 등 전쟁에서 와인은 세균 감염 방지, 상처 소독, 질병 치료와 예방, 해독제 등으로 다양하게 쓰였다고 하네요.

그리스에서 로마로 전파된 와인은 로마 제국이 유럽을 점령한 후 지배 국가들로 퍼져나갔습니다. 하지만 로마 제국이 쇠퇴하고 600여년부터 15세기경까지 기독교가 유럽을 지배하면서 수도원들을 중심으로 한 와인산업이 발전하게 됩니다. 그리고 유럽에서 각 나라별로 특색 있는 와인들이 생산되기 시작하고요.

— 48 —

깨끗한 물이 아니면 차라리 술을 달라!
와인 전도사 로마 군인

로마군이 유럽 전역에 포도나무를 심은 이유는?

유럽에 와인을 전파한 건 로마의 군인들이랍니다. 유럽의 물에는 석회질 성분이 많아 전쟁에 나간 로마군은 마음 놓고 물을 마실 수 없었거든요. 객지의 미심쩍은 물보다는 가죽가방에 보관하는 로마의 와인이 훨씬 위생적이고 안전하다고 생각한 거예요. 와인 운송에 한계를 느끼며 직접 프랑스의 론, 보르도, 부르고뉴, 독일의 라인강 등에 포도밭을 만든 것도 바로 로마군이었고요.

디오니소스

앞서 얘기했듯이 그렇다고 해서 로마인들이 와인을 처음 발명한 것은 아닙니다. 페니키아인들의 뒤를 이어 지중해 지역의 해상무역을 독점하다시피 한 그리스인들이 지중해 전역은 물론 로마에도 와인을 전파한 것이죠.

그리스신화에 나오는 디오니소스는 원래 '포도주의

신'이었답니다. 제우스의 아들인 디오니소스는 포도를 재배하고 와인을 만드는 방법을 인간 세상에 널리 전파해 준 고마운(?) 신이죠. 훗날 로마에서는 디오니소스를 '바쿠스'(Bacchus)라 부르며 경배했답니다.

석회질이 많은 유럽의 물을 마실 바에야!

그리스의 시대가 끝나고 로마의 시대가 열리자, 이탈리아 반도를 통일한 로마군은 수많은 전쟁을 통해 서유럽까지 진출하였습니다. 그 과정에서 프랑스를 비롯한 유럽 대부분의 영토를 차지하게 되지요. 그런데 당시 유럽 원정을 나선 로마 군인들은 유럽의 물을 마음 편히 마실 수 없었답니다. 앞에서도 말했듯이 유럽의 물에는 석회질이 너무 많았기 때문이지요. 그래서 정제되지 않은 물은 아예 마시지도 않았습니다.

요즘처럼 정수기를 사용할 수 있는 시절도 아니고, 당시 유럽에 진출한 로마 군인들이 식수 때문에 겪은 고충이 이루 말할 수 없었겠지요? 그래서 원정에 나선 로마 군인들은 본국에서 와인을 지속적으로 공급받았습니다.

♦ 로마인들의 와인 이용
로마인들은 와인에 물을 섞어 음용수로 마시는 방식 외에도 와인에 송진을 넣어 향을 가미하거나 각종 허브나 꿀, 재, 바닷물, 사탕수수 등을 첨가해서 신맛을 상쇄시켜 마시기도 했습니다. 말하자면 '와인 칵테일'의 시초인 셈이죠.

그렇다고 와인으로 식수를 완전히 대체한 것은 물론 아니에요. 당시 로마 군인들은 와인을 그대로 마시기보다는 물에 섞어 마셨답니다. 무슨 질병을 일으킬지 모를 타지의 물에 순수하고 깨끗한 고향의 와인을 섞으면 살균이 된다고 믿은 것이죠.

와인 종주국은
이탈리아? 프랑스?

유럽에 포도씨를 뿌린 것은 로마, 종주국 이탈리아!

원래 고대 로마인들은 흙으로 빚어 구운 암포라(Amphora)라는 지중해식 항아리에 와인을 보관했습니다. 그런데 와인을 빼놓고 원정을 떠날 수 없었던 로마 군인들이 와인을 가죽가방에 담아서 가지고 다니기 시작했고, 전장에 보급하는 와인 역시 가죽부대에 담겨 운반되었답니다.

"모든 길은 로마로 통한다"는 말이 있을 정도로 유럽 전역에 표준도로망을 거미줄처럼 깐 로마군이라 하더라도 제국이 확장되면 될수록 수송할 수 있는 와인에는 한계가 있을 수밖에 없었겠죠?

제국이 넓어질수록 보급로는 길어질 수밖에 없었고,

물이나 포도주, 곡식 등을 담아 보관하는 데 쓰이던 로마의 암포라

장거리운송을 하다 보면 당연히 와인이 변질될 위험도 높았습니다. 변질되지 않더라도 신선도에 문제가 생길 수밖에 없었지요. 그러자 로마군은 아예 현지에서 와인을 조달하기 위해 유럽 각지의 정복지에 포도밭을 만들고 와인 양조법을 현지인들에게 가르치기 시작했습니다.

와인 컨테이너로 부상하게 된 오크통

◆ 갈리아(Gallia)
북이탈리아, 프랑스, 벨기에 일대, 즉 라인, 알프스, 피레네 및 대서양으로 둘러싸인 지역을 말합니다.

로마군, 장거리 운송을 위해 오크통 사용 시작!

문헌에 의하면, 카이사르가 프랑스를 거쳐 잉글랜드를 정벌하러 가는 길에 거점으로 삼은 각 지역에 남겨둔 방어군을 위해 포도 종자를 가져다 포도밭을 조성하면서 유럽의 와인 역사가 시작되었다고 합니다.

이는 로마군의 필요에 의한 정책이기도 했지만 정복지의 원주민들을 달래기 위한 유화책이기도 했기에 포도원과 와이너리는 곧 유럽 각지로 퍼져 나가게 됩니다. 갈리아*에서 서유럽에 이르는 드넓은 점령지역에 상주하게 된 로마 군인들은 자신이 담당한 지역에서 만들어진 와인을 로마로 보내어 정기적으로 품질을 검증받으려는 노력을 하였습니다. 이 과정에서 깨질 위험이 거의 없는 나무통을 와인의 보관·운반 용기로 점점 더 많이 사용하기 시작했지요.

와인 양조에 이상적인 풍토! 청출어람 프랑스!

그런 역사적 배경 속에서 어느 순간부터 포도 재배와 와인 숙성에 이상적인 기후와 풍토를 갖고 있는 프랑스가 와인 산지로 명성을 얻게 되면서 오늘날까지 와인 종주국처럼 인식되기 시작한 겁니다. 그야말로 청출어람이지요.

요즘에는 칠레와 호주산 와인들이 빠른 속도로 유럽 와인의 명성을 잠식해 들어가고 있지만, 그래도 프랑스 보르도와 부르고뉴의 레드와인, 알자스 지방의 화이트와인의 명성은 여전히 흔들림이 없습니다.

— 50 —

와인의 흥미로운 전설,
샤를마뉴

✦ 샤를마뉴(Charlemagne)
샤를마뉴는 프랑스어로는 '샤를 대제'를 뜻합니다. 독일에서는 '카를 대제(Karl Magnus)'로 불리고, 생전에는 라틴어로 '카롤루스 대제(Carolus Magnus)'로 불리면서 전 유럽에 두루 영향력을 미쳤습니다. 영어식으로는 '찰스 대제(Charles the Great)'라고도 합니다.

8세기부터 10세기까지 서유럽을 지배했던 카롤링거 왕조의 2대 프랑크 국왕인 샤를마뉴*는 유럽의 와인문화 확산에 일익을 담당한 또 한 명의 주체였습니다. 프랑스를 비롯해서 스페인, 독일, 이탈리아까지 자신의 권력 안에 두었던 강력한 군주 샤를마뉴는 역대 왕들과는 달리 예술과 학문의 진흥정책을 펼쳤는데요, 와인을 즐겨 마시던 그는 와인의 생산과 보급을 적극 장려하기도 했습니다.

샤를마뉴의 흰 수염을 보호하라! 화이트와인

샤를마뉴를 언급하자면 프랑스 부르고뉴 지방의 코트 드 본(Côtes de

Beaune) 지역 내 알록스 코르통(Aloxe Corton) 마을의 코르통 샤를마뉴 그랑크뤼 포도밭에서 생산되는 화이트와인을 빼놓을 수 없지요. 평소 와인을 마실 때마다 샤를마뉴의 흰 수염이 더럽혀지는 것을 보고 왕후가 화이트와인을 마셔보라고 제안했고, 이에 지금의 부르고뉴 코트 드 본 지역의 포도밭에서 잘 자라고 있던 레드와인 품종을 갈아엎고 화이트와인 품종을 심었다는 이야기가 전해져 오고 있답니다.

절대 권력의 상징, 샤를마뉴

하지만 당시 샤를마뉴가 화이트와인 양조에 매진한 이유는 정치적인 원인이 크다는 설도 있습니다. 당시 부르고뉴 지방의 화이트와인은 영국인과 게르만인들에게 높이 평가받아서 대제의 외교활동에 중요한 역할을 했지요. 또한 이웃 나라의 군주들과 관계를 맺는 데도 도움을 줬다고 합니다.

전쟁 중에도 와인을 손에서 놓지 않은 샤를마뉴

샤를마뉴는 정복한 지방 곳곳을 돌아다니면서 모든 종류의 와인을 마셔보았다 해도 과언이 아닐 정도로 와인을 좋아했습니다. 전쟁 중에도 테이블에는 항상 그 지역의 포도주가 놓여 있었다지요. 또한 평소에도 주변 사람들에게 와인을 아낌없이 나누어주고, 포도 재배나 와인 생신 과정에 대해서도 직접 지시를 내릴 만큼 와인에 대한 사랑이 남달랐습니다.

도멘 코쉬 뒤리 코르통 샤를마뉴

죽기 직전에도 자신의 충신을 불러 포도밭을 잘 돌보고, 우수한 와인을 기록하라는 지침을 내릴 정도로 말이지요.

　과거 샤를마뉴 대제의 노력으로 지금도 알록스 코르통 지역에서는 코르통, 코르통 샤를마뉴, 샤를마뉴 등 세 개 포도밭에서 그랑크뤼 화이트와인이 만들어지고 있고, 이들 와인은 부르고뉴는 물론 전세계에서 가장 훌륭한 화이트와인 중 하나로 인정받고 있답니다.

51

중세 수도원은
술도가였다?

중세 유럽 지역경제 활성화에 기여한 와인

중세 유럽 경제권의 한 축을 이루었던 수도원들은 '노동과 기도'라는 이념 하에 유럽 대륙 전역에 걸쳐 종교활동뿐 아니라 지역경제 활성화에도 큰 도움을 주었지요.

애초에 와인은 로마인들에 의해 전파되었지만, 언젠가부터 프랑스인들에게도 생활필수품이 되어버렸습니다. 특히 유럽 각지의 수도원들은 성찬에 쓸 와인을 직접 조달하기 위해 수도원 주변의 버려진 땅을 개간해 포도밭을 경작했지요. 그러면서 사람들을 모아 마을을 형성하고 포도 재배법과 와인 양조법을 집중적으로 연구하고 가르쳐, 포도 경작법의 발달과 와인 양조법 향상에 지대한 공을 세운 주역이라고 할 수 있습니다.

그렇게 생산된 와인은 미사에서 성찬용으로도 시용 되었지만, 귀족 및 양족들에게도 판매되어 다양한 정치적·비즈니스적 역할을 수행하기도 했답니다.

청빈한 수도사들의 땀으로 일군 테루아, 클로 드 부조

로마 가톨릭 교회에 의해 와인 명산지가 된 대표적인 곳으로 10~12세기 와인문화의 중심지였던 프랑스 부르고뉴의 마콩(Macon) 마을을 들 수 있습니다. 그중에서도 특히 '클뤼니(Clunny)의 개혁'으로 유명한 부르고뉴의 클리뉘 수도원이 와인산업의 중심지로 부상하게 됩니다. 교회가 세속적인 권력에 의존하고 부와 권력의 노예가 되는 것에 반대해 직접 포도밭을 소유하며 적극적으로 와인을 양조한 곳이지요.

1098년에는 클뤼니 수도원을 나와 더 엄격한 종교 규칙을 따르기 위해 '시토(Citeau) 수도회'가 생기게 되는데요. 이 시토 수도원이 처음 자리잡은 곳이 바로 오늘날 레드와인으로 유명한 '클로 드 부조'(Clos de Vougeot) 포도밭입니다. 세속과 단절하고 철저하게 청빈한 생활을 하며 육체노동을 중시한 시

소유주만 80여명에 이르는 클로 드 부조

토의 수도사들은 포도 재배와 양조 방법 발달에 크게 기여하게 됩니다. 포도밭의 특성에 따라 다른 맛의 와인이 만들어진다는 것을 깨닫고 테루아의 특성을 살린 와인을 만들기 시작했지요.

클로 드 부조는 부르고뉴에서도 가장 큰 그랑크뤼 포도밭 중의 하나로, 원래는 시토 대수도원장의 소유였으나 현재는 소유주만 무려 80여명에 이른다고 하네요. 대부분 명성 높은 양조가들로 저마다 개성과 맛이 다른 질 좋은 레드와인을 만들어내고 있답니다.

52

와인이 뭐길래!
전쟁까지 초래한 와인 사랑

프랑스 와인의 대명사, 보르도 와인

프랑스의 자랑이자 전세계 와인의 롤모델인 보르도 와인. 보르도 와인을 두고 영국과 프랑스가 치열한 전쟁을 벌인 것이 바로 백년전쟁입니다.

◆ 아키텐(Aquitaine)
프랑스 남부에 있는 주(州)로 보르도가 이 지역에 속해 있습니다.

12세기 보르도를 비롯한 프랑스 서남부의 아키텐* 지역을 소유한 알리에노르 공주는 당시 최고의 신붓감이었지요. 그녀는 프랑스 국왕인 루이 7세와 이혼하고 앙주 지역의 백작과 다시 결혼했는데 훗날 그가 영국의 왕 헨리 2세랍니다. 결혼 당시 지참금으로 자신이 소유한 아키텐 지역을 헨리 2세에게 바침으로써 영국령으로 넘어가게 된 것이지요.

이후 영국은 보르도 지역에서 생산되는 특산품인 와인에 세금면제 등의 많은 혜택을 주었답니다. 이로 인해 보르도 와인의 대부분이 영국으로 수출되었고, 영국의 왕과 귀족들이 즐겨 마시는 진상품이 되었습니다.

보르도를 차지하기 위한 전쟁, 백년전쟁

백년전쟁은 1337년부터 1453년까지 무려 116년 동안 계속되었습니다. 프랑스 왕위계승권을 둘러싼 갈등으로 프랑스 왕 필리프 6세가 보르도 남부 가스코뉴 지역을 몰수하였는데 이것이 바로 백년전쟁의 서막이 되었답니다. 왕위 계승이라는 이유가 있었지만 그 내막에는 옛 프랑스 땅인 보르도 지역을 차지하려는 흑심도 있었지요.

100여년간의 긴 전쟁은 프랑스의 영웅 잔다르크의 출현으로 전세를 역전시킨 프랑스가 1453년 카스티용(Castillon) 전투에서 승리함으로써 비로소 막을 내리게 됩니다. 이로써 보르도는 영원히 프랑스 영토가 되었지요. 이때 카스티용에서 영국군을 지휘했던 탈보 장군이 보르도에서 끝까지 항전하다 전사했는데 이를 기리기 위해 그의 영지를 '탈보'라고 명하게 되었습니다. 그리고 그 영지에서 생산되는 와인이 바로 '샤토 탈보'(Château Talbot)로 지금까지 그 명맥을 이어오고 있습니다. 이 와인은 한때 히딩크 감독이 좋아했다는 이유로 우리나라에서 불티나게 팔리기도 했지요.

전쟁 이후 프랑스에서 쫓겨난 영국인들은 잠시 스페인과 포르투갈 와인에 관심을 보였지만 결국 다시 보르도 와인을 찾게 되었다고 합니다.

샤토 탈보

히틀러도 와인을 사랑했다!

프랑스 와인과 사랑에 빠진 것은 비단 영국인뿐만이 아니었습니다. 20세기 중반 제2차 세계대전이 한창일 스음 히틀러를 비롯한 독일 장군들은 프랑스 와인 수집에 열을 올렸다고 합니다. 품질 좋은 프랑스 와인을 조직적으로 수탈하기 위해 주요 와인 산지에 관리자들을 파견하기까지 했는데, 이들을 '와인 총통'이라고 불렀다지요.

이에 맞서 프랑스 와인 생산자들은 와인을 지키기 위해 온갖 지혜를 모았습니다. 지하 공간에 또 하나의 벽을 만들어 와인을 숨기거나 땅 속 깊이 묻기도 했답니다. 때로는 저장 중인 와인을 지키기 위해 독일군에 의해 징발될 예정이라는 위조문서를 만들어 보여주며, 양조장이 숙소로 이용되는 것은 상관없으나 병사들에 의해 와인이 없어지기라도 하면 그 책임을 져야 한다는 식으로 경고하여 피해를 보지 않았다고 합니다. 또한 일선 독일 부대에 보내질 고급 와인을 저급품으로 바꿔치기하는 경우도 많았다고 하지요.

프랑스 내륙지방인 부르고뉴에서는 이 지역의 명품 와인이 생산되는 샤샤뉴 몽라쉐(Chassagne Montrachet)와 뫼르소(Meursault) 일대의 포도밭의 피해를 우려해 프랑스 사령관이 공격을 연기시켰다는 일화까지 전해집니다. 그러다 독일군이 주둔한 곳이 그랑크뤼 포도밭이 아닌 일반 평지임을 알고 곧바로 공격을 개시하였다고 하지요. 이는 프랑스 사람들이 얼마나 포도밭을 아끼는가를 잘 보여주는 일화라 할 수 있습니다.

전쟁 중에 독일군은 히틀러의 별장 '독수리 둥지'에 저장실을 만들어 프랑스 각지에서 약탈한 최고급 와인을 저장하였는데, 샤토 라피트 로칠드, 샤토 무통 로칠드, 샤토 라투르, 샤토 디켐, 로마네 콩티 등 최고급 와인 50만 병이 동굴을 가득 채우고 있었다고 합니다.

하지만 전쟁 막바지에 와인을 베를린으로 가져오라는 명령에도 불구하고 휘하의 장군들은 와인 대신 병사들을 태웠습니다. 결국 이 보물들은 독일이 아닌 고향 프랑스인들 손에 고이 넘겨질 수 있었지요.

53

교황의 굴욕으로 탄생한
샤토네프 뒤 파프

중세 시대는 무소불위의 절대 권력을 누렸던 교황과 그에 도전하는 황제의 다툼이 끊이지 않던 시대이지요. 13세기 말 십자군 원정 실패 이후 세속의 권력이 성장하고 교황의 힘이 조금씩 약해지던 그때 교황의 권력 위에 선 왕이 있었답니다.

교황의 새로운 성에서 탄생한 새로운 와인

1303년 프랑스 왕 필리프 4세는 교황의 절대 권위에 도전하고자 이탈리아 아나니(Anagni)에 있던 교황 보니파시오 8세를 습격했습니다. 일명 '아나니 사건'으로 불리는 이 일을 계기로 왕은 우위를 차지하고 교황은 얼마 후 죽게 되지요. 1305년 필리프 4세는 프랑스인 추기경 클레멘스 5세를 추대하면서 교황의 거처를 로마가 아닌 남프랑스에 위치한 아비뇽으로 옮기게 합니다.

이후 프랑스 왕의 간섭을 받으며 아비뇽에 머무는 70여년간 교황의 권위는 크게 약해지게 됩니다. 이것이 세계사 시간에 한번쯤은 들어봤을 법한 그 유명한 '아비뇽 유수'(Avignonese Captivity)랍니다.

그 후 와인 애호가였던 클레멘스 5세와 요한 22세를 비롯한 후대 아비뇽 교황들이 포도 재배와 양조 기술에 힘을 쏟으며 이 지역 와인의 명성을 드높이게 된 것이지요. 이 일대 포도밭에서 만들어진 와인은 미사주로 애용된 것은 물론 교황들이 즐겨 마시는 와인으로 소문나면서 프랑스인들에게 큰 사랑을 받게 됩니다. 이것이 바로 교황의 와인이라 불리는 샤토네프 뒤 파프(Châteauneuf du Pape)이지요.

샤토네프 뒤 파프는 마을명이자 원산지 명칭

지금의 샤토네프 뒤 파프 지역은 프랑스 남부 론에 위치한 아비뇽 근처 마

샤토네프 뒤 파프 전경

을로 당시 교황의 별장이 위치했던 곳이기도 합니다. 현재 샤토네프 뒤 파프라 표기할 수 있는 와인들은 샤토네프 뒤 파프 지역을 포함한 다섯 개 마을에서 생산되는 와인에 한합니다. 즉 샤토네프 뒤 파프는 와이너리 이름이 아닌 프랑스 남부 론 지역의 마을명이자 원산지 명칭인 것이지요. 원산지 명칭이므로 와이너리에 따라 다양한 샤토네프 뒤 파프가 만들어집니다. 샤토네프 뒤 파프는 다른 와인들과 달리 병 앞에 독자적인 교황 문장이 새겨져 있습니다. 이 심볼만 보아도 '교황의 와인, 샤토네프 뒤 파프'라는 것을 쉽게 알 수 있습니다.

샤토네프 뒤 파프는 프랑스 남부 론의 중요한 A.O.C(와인 산지) 중 하나로 최고의 와인이 만들어지는 곳이지요. 타 지역과 달리 그르나슈, 시라, 무르베드르(Mourvedre) 등 직포도와 청포도의 법적 허용 품종 13개를 모두 블렌딩해서 만들 수 있어 독특한 풍미를 자랑합니다. 특히 샤토 드 보카스텔 와이너리는 지금도 13개 포도 품종을 모두 블렌딩하면서 프랑스를 대표하는 국가 대표급 레드와인을 생산하고 있습니다.

샤토네프 뒤 파프의 대표 와이너리

샤토 드 보카스텔(Château de Beaucastel)

남프랑스의 론 지역을 대표하는 와이너리로 1909년부터 가족 경영으로 오랜 역사를 이어왔습니다. 평론가들은 물론 와인 애호가들에게 호평을 받고 있지요. 1992년부터는 페랑 가문이 운영하고 있습니다. 일찍부터 유기농 및 바이오다이내믹 농법*을 사용해 왔으며, 특히 론

✦ 바이오다이내믹 농법은 유기농법에 비해 좀더 강화된 친환경 포도재배 방법이라 할 수 있습니다. 화학 비료가 아닌 자연에서 얻은 특별한 비료를 사용하죠. 자세한 내용은 36장을 살펴보세요.

샤토 드 보카스텔

지역 법적 허용 품종 13개 모두를 블렌딩해서 만드는 샤토네프 뒤 샤토 드 보카스텔 파프는 론 지역 최고의 와인으로 칭송 받고 있지요.

론 지역의 다른 샤토네프 뒤 파프와 달리 무르베드르 품종을 최대한 많이 사용하고 있으며 화이트 역시 루산느(Rousaanee) 단일 품종으로만 만드는 독특한 방식으로 고품질의 결과물을 만들어내고 있습니다.

클로 데 파프

클로 데 파프(Clos des Papes)

1896년부터 샤토네프 뒤 파프에서 와인을 생산하고 있는 아브릴(Avril) 가문이 운영하는 와이너리입니다. 오너인 폴 아브릴(Paul Avril)은 샤토네프 뒤 파프의 A.O.C 지정에 선구자 역할을 한 것으로 알려져 있습니다. 레드 와인의 경우 그르나슈와 무르베드르, 시라 등을 주품종으로 하며 전통적인 양조법을 사용해 고품질의 샤토네프 뒤 파프를 생산하는 것으로 유명합니다. 포도는 모두 손으로 직접 수확하며 양조 과정에서도 인공적인 방법은 사용하지 않지요. 2005년 빈티지의 경우 2007년에 미국의 유명 와인 잡지인 〈와인 스펙테이터〉가 선정한 100대 와인 중 1위에 꼽히기도 했습니다.

— 54 —

나폴레옹이 워털루전쟁에서 패한 게 와인 때문?

나폴레옹의 와인, 샹베르탱

흔히 총과 화약 그리고 와인을 전쟁에 꼭 필요한 3가지 요소라고 합니다. 실제로 고대 로마군이 그랬고, 나폴레옹이 그랬습니다.

전 유럽을 공포에 떨게 한 나폴레옹 황제. 지중해의 작은 섬 코르시카에서 평민으로 태어난 그는 끊임없는 전쟁을 통해 스타로 떠오르면서 민심의 힘으로 일약 황제의 자리에까지 오른 인물입니다. 그런데 나폴레옹이 수많은 전쟁을 치르며 유럽을 종횡무진하는 와중에도 늘 빠뜨리지 않고 챙긴 것은 다름 아닌 프랑스 부르고뉴에

나폴레옹이 사랑한 샹베르탱

서 피노 누아로 만들어진 샹베르탱(Chambertin) 와인이었습니다. 샹베르탱은 부르고뉴 A.O.C 산지 코트 드 뉘(Côte de Nuits) 지역, 쥬브레 샹베르탱(Gevrey

Chambertin) 마을에 위치한 그랑크뤼 포도밭의 이름입니다.

　기록에 의하면 나폴레옹은 술이 아주 센 사람은 아니어서 종종 와인에 물을 섞어 마시곤 했답니다. 그런데 유달리 샹베르탱만은 나폴레옹의 사랑을 독차지한 것이죠.

　나폴레옹은 러시아원정 중 전쟁에 패해 퇴각하는 상황에서 코사크 병사들에게 샹베르탱을 빼앗기는 수모를 겪기도 했습니다. 그 이후로 프랑스에서는 공공연히 '러시아에서 돌아온 황제의 와인'이라는 이름으로 샹베르탱이 판매되었다고 하네요.

하필이면 워털루전투 전날 떨어진 샹베르탱 와인

샹베르탱을 사랑했던 나폴레옹

　나폴레옹은 자신이 마시는 샹베르탱 와인의 병에 자신의 이니셜 N을 새기게 했을 정도로 샹베르탱의 애호가였는데요. 세인트헬레나 섬에서 복귀한 나폴레옹이 영국군과 워털루전투를 치를 때 하필 샹베르탱 와인이 떨어져 결전을 앞두고 마시지 못했다고 합니다. 바로 그 때문에 나폴레옹이 워털루전투에서 패했다는 얘기까지 전해지고 있답니다. 물론 일부 호사가들에 의해 부풀려진 얘기지만, 출정 때마다 늘 함께해온 와인이 결전을 앞두고 떨어진 것이 일종의 징크스였을 수 있지 않을까요?

프랑스 부르고뉴 지역의 명산품 샹베르탱은 이러한 사연 때문에 '나폴레옹의 와인'으로 잘 알려지게 되었습니다. 석회질이 풍부한 토양을 갖고 있는 샹베르탱 마을은 프랑스 부르고뉴를 대표하는 최고의 와인을 만들어내는 곳입니다.

잠
깐
만
요

와인에 훈장까지 수여한 나폴레옹

나폴레옹은 샴페인으로 유명한 프랑스 샹파뉴 지역의 와이너리 '모에 샹동'(Moët et Chandon)과도 친밀한 관계를 맺고 있었는데요. 모에 샹동은 클로드 모에(Claude Moët)에 의해 설립된 세계 최대의 샴페인 회사로, 25km에 달하는 지하 카브(Cave, 와인을 저장하는 지하 저장고)를 가지고 있는 것으로도 유명합니다. 클로드 모에의 손자인 장 레미 모에(Jean-Remy Moët)는 나폴레옹이 샹파뉴를 방문할 때마다 자신의 카브로 안내했는데, 황제는 이러한 호의에 대한 답례로 모에 샹동 와인에 레지옹 도뇌르(Légion d'Honneur, 프랑스의 명예훈장)를 수여했답니다. 이런 인연으로 모에 샹동 나폴레옹 탄생 100주년을 기념해 임페리얼(Impérial)이란 이름의 와인이 탄생해 큰 인기를 끌고 있죠.

나폴레옹 1세 탄생 100주년을 기념해 이름에 '임페리얼'을 붙인 모에 샹동 브뤼 임페리얼

나폴레옹이 샹파뉴 지방을 순시할 때마다 빠지지 않고 방문한 모에 샹동은 지금까지도 전 세계에서 가장 많은 사랑을 받고 있는 샴페인을 만들고 있답니다.

55

유대인의 왕, 로스차일드 가문의 와인 사랑

보이지 않는 세계권력, 로스차일드 가문

◆ 게토(Ghetto)
중세 이후 유럽 각처에 유대인을 강제격리하기 위해 설정했던 지역을 말합니다.

18세기 초 독일 프랑크푸르트의 유대인 정착지였던 게토*에는 장차 당대 최고의 금융전문가로 이름을 떨치게 될 메이어 암셸 로스차일드(Mayer Amschel Rothschild)가 살고 있었습니다. 헤센카셀 공국의 영주였던 빌헬름의 재산을 관리하면서 막대한 부를 축적한 로스차일드는 슬하의 아들 다섯을 프랑크푸르트, 런던, 파리, 나폴리, 빈 등으로 보내어 은행을 설립했고, 이를 발판으로 삼아 유럽 전역에 걸친 금융네트워크를 구축하게 되죠.

로스차일드 가문은 남다른 통찰력과 빠른 정보력을 바탕으로 탁월한 금융 수완을 발휘해 세계 금융계를 석권하고, 막대한 부를 바탕으로 19세기에서 20세기 초 '보이지 않는 세계권력'으로 군림한 것으로 알려져 있습니다. 오늘날 로스차일드의 명성은 19세기에 못미치지만 여전히 세계 금융재벌로 영향력을 행사하며 유명 와인을 생산하는 주역으로서도 유명세를 떨치고 있습니다. 바로 프랑스 최고급 와인인 샤토 무통 로칠드(로스차일드의 프랑스식 발음), 샤토 라피트 로칠드, 샤토 클락, 샤토 리외섹 등이 로스차일드 가문의 소유랍니다.

재벌가 후예들의 와인전쟁

로스차일드의 후예들 중에는 같은 가문임에도 서로 치열한 경쟁을 벌인 사람들도 있는데요. 1853년 나다니엘 로스차일드가 구입한 '샤토 무통 로칠드'(Château Mouton Rothschild)와 얼마 후 그의 삼촌인 제임스 로스차일드가 구입한 '샤토 라피트 로칠드'(Château Lafite Rothschild)가 보이지 않는 전쟁을 벌이게 된 거죠. 두 와이너리는 프랑스 보르도의 메독 지역에 담벼락 하나를 사이에 두고 나란히 위치합니다. 처음에는 무통 측이 열세였지만 지금은 두 집안 모두 어깨를 나란히 하는 와인 명가로 자리잡았습니다.

'어린 양'이라는 뜻의 무통(Mouton)을 소유한 필리프는 1855년 보르도 상인협회에서 만든 그랑크뤼 리스트에 들지 못하는 수모를 겪자 "1등은 할 수 없고, 2등은 원치 않는다. 나는 그냥 무통일 뿐이다"라는 명언을 남겼지요.

반면 바로 옆의 샤토 라피트는 1등급 평가를 받고 축제 분위기였고요. 한동안은 라피트가 무통의 1등급 진입을 반대하면서 분쟁이 끊이지 않았습니다.

그리고 1973년에 전무후무하게 샤토 무통은 1등급으로 상향 조정되지요. 당대 유명 화가들의 그림을 와인 레이블에 넣기로 유명한 무통은 1973년 피카소의 작품을 레이블에 넣고 '1973년에 1등급이 되다'(Premier Cru Classe en 1973)라는 문구를 새겨 넣습니다. 무통의 예술성 높은 와인들은 많은 와인 애호가들

피카소의 작품을 레이블에 그려넣은 샤토 무통 로칠드 1973

◆ 세컨드 와인

오늘날 많은 와이너리들이 자체적으로 첫 번째(first, principal)와 두 번째(second)로 등급을 나누어 와인을 출시하고 있답니다. 두 번째 등급이다 보니 첫 번째 등급보다는 질적인 면에서 떨어진다고 할 수 있지만 상대적으로 저렴한 가격에 좋은 와인을 즐길 수 있다는 면에서 매력적이죠.

의 수집 대상이 되고 있습니다. 피카소 외에도 마르크 샤갈, 살바도르 달리, 앤디 워홀 등 미술계 거장들의 작품을 레이블에 사용하며 매년 화제를 불러일으키고, 예술성 높은 레이블 때문에 수집대상이 되고 있습니다.

또 샤토 무통은 작황이 좋지 않아 '무통'이라는 이름으로 와인을 출시할 수 없게 되자 무통 카데(Mouton Cadet)라는 별도의 이름으로 출시해서 수익을 보존하기도 했는데, 이는 지금의 '세컨드 와인'*의 시초랍니다.

세계 최고급 와인은 로스차일드 손에!

각고의 노력 끝에 1973년 1등급으로 지정받게 된 샤토 무통은 이후 세계로 눈을 돌림으로써 와인업계에서 가문의 명성(?)을 재연하게 되는데요. 미국 캘리포니아에 있는 몬다비사와 합작해서 오퍼스 원이라는 당대 최고의 와인 브랜드를 내놓았는가 하면, 칠레 최고의 와이너리 중 하나인 비냐 콘차이 토로(Vina ConCha y Toro)와 합작해서 알마비바라는 또 하나의 최고급 와인을 만들어내기도 합니다.

그나저나 '샤토 라피트'는 어떻게 되었느냐고요? 로스차일드 가문이 어디 가겠습니까? 와인 심사등급이 시작된 1855년부터 쭉 1등급 와인으로 선정된 라피트 쪽은 영토확장에 주력하여, 최고급 와인으로 인정받는 프랑스의 샤토 리외섹(Château Rieussec), 샤토 레방질(Château L'Evangile) 그리고 칠레의 비냐 로스 바스코스(Vina Los Vascos)와 보데가 카로(Bodegas Caro) 등을 소유하게 되었습니다. 오늘날에도 와인산업을 정복하기 위한 라피트와 무통의 전쟁은 계속되고 있는 것이죠. 그 무대가 프랑스에서 세계로 넓어졌다는 것이 달라졌을 뿐이랍니다.

56

와인 대공황을 가져온 해충
필록세라!

1mm의 작은 벌레, 전세계를 정복하다!

와인 역사를 논할 때 빠지지 않고 등장하는 작은 벌레가 있는데, 바로 필록세라(Phylloxera)입니다. 필록세라는 원래 미국종 포도나무인 '비티스 라브루스카'(Vitis Labrusca)에 서식하던 몸길이 1mm 내외의 작은 벌레입니다. 미국산 포도나무는 이 벌레에 내성이 있어 별 피해를 받지 않고 오랜 세월 잘 버텨왔는데, 이 작은 벌레가 영국과 프랑스를 시작으로 해외순방에 나서면서 전세계의 와인업계는 일대 위기를 맞게 됩니다.

필록세라가 유럽에서 처음 발견된 것은 1863년경입니다. 이 작은

전세계 와이너리를 쑥대밭으로 만든 벌레, 필록세라

벌레는 뿌리에 기생하기 때문에 발견하기도 쉽지 않아 면역력이 없던 유럽산 포도나무인 비티스 비니페라(Vitis Vinifera)를 초토화시키지요.

필록세라가 구세계로 번져나가면서 특히 프랑스의 경우 전체 포도밭의 3분의 2가 파괴되기에 이릅니다. 유럽이 초토화되자 필록세라는 다시 크루즈 여행을 통해 남아공까지 진출해 또 한번 재미(?)를 보게 됩니다. 알렉산더 대왕도, 칭기즈칸도, 나폴레옹 황제도 이처럼 빠른 속도로 완벽하게 전세계를 정복하지는 못했지요.

이는 실로 와인 역사에 길이 남을 일대 사건이었습니다. 전세계 와인업계는 대공황에 직면했고, 빈티지 불문하고 와인이란 와인은 모두 자취를 감추어 버렸습니다. 공급부족도 문제였지만, 이미 와인을 보유하고 있는 중간상인들의 출시를 미루는 농간도 가세했지요.

아직까지도 박멸법을 찾지 못한 위대한(?) 해충!

와인의 대공황 사태는 이후 포도나무에 대한 다양한 질병연구가 본격화되는 계기가 되었습니다. 하지만 지금도 이 해충을 박멸할 획기적인 방법은 찾지 못했습니다. 결국 찾아낸 유일한 예방법은 필록세라에 내성이 있는 미국종 포도나무 뿌리와 유럽종 포도나무 대목을 접붙이는 것이었지요. 그래서 현재 유럽에서 재배되는 포도나무는 대부분 이런 신품종입니다.

천혜의 요새, 칠레만이 살아남아 고전의 맛을 간직하다

이 대목에서 칠레를 언급하지 않을 수 없습니다. 전세계의 포도나무를 있는

대로 고사시킨 필록세라도 끝내 공략하지 못한 난공불락의 요새가 있었으니, 바로 남미의 대표적인 와인 국가 칠레입니다. 북으로는 세계에서 가장 건조한 불모지인 아타카마사막이, 남으로는 빙하로 둘러싸인 남극이, 동으로는 히말라야 다음으로 세계에서 가장 높은 안데스산맥이, 서쪽으로는 태평양이라는 망망대해가 있었기 때문이죠. 그래서 유일하게 필록세라 이전의 포도나무가 존재하며 고전의 맛을 간직한 곳이라고도 하지요.

와인산업의 세계화에 기여한 필록세라

필록세라가 와인산업에 큰 위기를 초래했지만 긍정적인 효과를 가져온 것도 있습니다. 와인 생산의 중심지였던 보르도가 황폐화되자 보르도의 와인 메이커들이 세계 각지로 흩어지며 보르도 포도 품종들이 국제적인 품종으로 활약하게 되고 다른 와인 산지들의 양조 방식도 더욱 발전시키게 된 계기가 된 것이죠. 또 유명 와이너리들이 새로운 땅을 찾아 떠나면서 신세계 와인들이 더욱 발전하게 되었습니다.

57

프랑스 와인의 양대 라이벌!
보르도 vs. 부르고뉴

프랑스 와인의 양대산맥이라 할 수 있는 보르도와 부르고뉴는 예부터 비교의 대상이자 경쟁의 대상이었습니다. 두 지역의 보이지 않는 전쟁은 프랑스에서 와인이 생산되기 시작한 이래 한시도 멈춘 적이 없습니다.

역사적으로 사연 많은 보르도와 부르고뉴

앞서 언급한 것처럼 1152년 보르도 지방 영주의 딸 알리에노르가 영국의 왕 헨리 2세와 결혼하면서 지참금으로 지금의 보르도와 서남부 지역을 바쳤습니다. 이후 보르도는 300년간 영국령이 되었다, 1453년 다시 프랑스로 귀속되었지요. 이 때문에 좋은 와인을 원하는 영국인들의 요구에 발맞춰 보르도 와인도 많은 발전을 하게 됩니다.

이는 프랑스와 영국 간의 오랜 갈등의 원인이자 보르도와 부르고뉴 와인의 맞대결이 시작된 계기라 할 수 있지요. 실제로 부르고뉴 와인은 프랑스 귀족과 왕족들이 즐겨 마신 반면, 영국인이 즐겨 마신 것은 보르도 와인이었죠. 두 지역은 기후와 지리적 특색 그리고 토양의 차이로 사용하는 품종도 다를 뿐더러 양조법에 있어서도 매우 다른 성향을 보이고 있습니다.

프랑스의 서남부 지역에 위치한 보르도는 대서양과 인접해 해양성 기후를 띠며 오랜 기간 숙성시켜 마시는 레드와인의 산지로 유명합니다. 카베르네 소비뇽, 카베르네 프랑, 메를로 등의 3~5가지 품종을 블렌딩해 와인을 만듭니다. 샤토 마고(Château Margaux), 샤토 무통 로칠드 등이 바로 보르도 와인이지요.

프랑스 중부 내륙 지역에 위치한 부르고뉴는 보르도에 비해 재배면적은 적지만 매우 우아하고 섬세한 향과 맛을 자랑하며 와인 애호가들의 로망이 되고 있지요. 레드와인용 품종으로는 피노 누아, 화이트와인용 품종으로는 샤르도네를 주로 재배하며 보르도와 달리 블렌딩하지 않고 단일 품종으로 와인을 만듭니다. 와인의 명품이라 불리는 로마네 콩티*가 이곳에서 생산됩니다.

◆ 로마네 콩티(Romanée Conti)
연간 5,400병 정도 생산되는 와인으로 1병당 가격이 100만원을 넘는 최고급 와인입니다. 자세한 내용은 60장을 참고하세요.

같은 프랑스, 그러나 조금씩 다른 용어와 등급체계

와이너리를 지칭하는 용어도 앞서 언급한 것처럼 보르도는 샤토, 부르고뉴는 도멘이라는 용어를 사용합니다.

보르도와 부르고뉴는 포도밭을 구분하는 방식도 다르답니다. 하나의 샤토가 포도밭 전체를 차지하는 보르도와 달리, 부르고뉴는 클로(Clos) 또는 클리마(Climat)라는 돌담을 쌓아 포도밭을 구분지으며 하나의 포도밭에 여러 명의

클리마라는 돌담을 쌓아 포도밭을 구분하는 부르고뉴의 포도밭

소유주가 존재하기도 합니다. 또 동일한 포도밭에서 재배한 포도여도 재배자와 생산자에 따라 와인의 맛과 품질이 달라지는 기이한 현상을 보이는 곳이기도 합니다.

　보르도 메독 지역 내의 편평한 지대에 포진한 그랑크뤼 포도밭들은 어디서 좋은 와인이 나오는지 눈으로 보아서는 알 수 없지만, 부르고뉴에서는 등급을 모른다 할지라도 어디가 좋은 포도밭인지 정도는 쉽게 구분할 수 있습니다. 부르고뉴의 경우 프리미엄, 그랑크뤼 등 좋은 와인을 만드는 포도밭과 와이너리는 대부분 경사진 곳에 위치하며, 특히 경사진 부분의 상단에 그랑크뤼 포도밭들이 많이 포진해 있습니다. 반면 평지에 펼쳐진 포도밭들은 일반 등급에 해당하는 와인을 생산하는 곳이라 보면 됩니다.

　두 지역은 등급체계에서도 차이를 보이는데요. 그랑크뤼 같은 여러 등급이 보르도는 와이너리에 따라, 부르고뉴는 포도밭에 따라 정해집니다. 그래서 보르도에서는 1등급 와이너리가 지역 내 포도밭을 확장 구입하면 새로운 포도밭에서 만들어지는 와인도 1등급이 되는 것이고, 부르고뉴에서는 누구라도 1등급 포도밭의 주인이 되면 1등급 와인을 생산할 수 있게 되는 것입니다.

와인병의 모양만 봐도 구분 가능

맛, 레이블, 색조 등에서도 다르지만 일단 병 모양만 봐도 두 지방의 와인을 구분할 수 있습니다. 보르도 와인은 날씬하고 슬림한 병이지만, 부르고뉴 와인은 아래가 두툼한 병 모양을 하고 있지요. 보통 보르도의 와인이 더 짙은 색을 띠고 타닌과 바디감도 풍부하지요. 반면 부르고뉴의 와인은 색이 옅고 과일향이 풍부하며 타닌이 적고 섬세한 맛을 자랑하고요. 그래서 와인잔 역시 보르도에 비해 부르고뉴 와인용 잔이 더욱 볼이 넓고 크게 디자인됩니다. 풍부하고 섬세한 아로마를 더욱 잘 느끼도록 하기 위함이지요.

날씬하고 슬림한 바디의 보르도 와인병   통통한 하반신을 가진 부르고뉴 와인병

58

와인에도 세대갈등이 있다?
구세계 vs. 신세계

전통적인 와인 생산국 vs. 신흥 기술국

사람들은 대부분 와인 하면 프랑스나 이탈리아를 떠올립니다. 그만큼 두 나라가 오랜 역사와 전통, 체계적인 관리를 통해 고급 와인 산지로 유명세를 떨치고 있기 때문이지요. 와인 생산의 선두주자인 구세계(Old World)에는 프랑스, 이탈리아 외에도 독일, 스페인 등의 유럽지역이 포함됩니다.

최근에는 그 뒤를 이은 미국과 칠레, 남아공, 호주 등의 신세계(New World) 와인 산지들의 활약이 눈부십니다. 신세계 와인 산지들은 짧은 역사에도 불구하고 현대식 장비와 과학적인 기법으로 구세계를 대변하는 유럽 국가들과 당당히 어깨를 겨루고 있습니다.

테루아의 특성이 드러나고 드라이한 맛이 강하며 생산연도에 따라 맛이 달라지는 구세계 와인과 비교할 때, 일정하고 온화한 기후소선을 가진 신세계 와인은 진하면서 오크의 풍미가 뛰어나고 매년 일정한 맛을 유지해 상대적으로 포도가 수확된 해를 뜻하는 빈티지의 영향을 적게 받습니다.

자연이 내려주는 와인의 맛, 구세계 와인

구세계의 와인 생산자들은 와인을 만드는 데 있어 테루아가 90%를 차지하며, 나머지 10%만이 사람이 할 수 있는 범위라고 말하곤 합니다. 그만큼 테루아를 중시하는 것이죠. 그래서 보통 구세계 와인 레이블에는 포도의 수확시기(빈티지)와 생산지역 등이 반드시 명시되어 있습니다. 그들은 오랜 역사와 전통을 강조하며 테루아에 맞는 포도 품종과 양조 방식을 바탕으로 우직스럽게 와인을 만들고 있습니다. 비닐을 치거나 물을 뿌리는 등 자연을 거스르는 인위적인 관리는 못하도록 되어 있어, 생산연도에 따라 품질의 차이가 많이 나는 편입니다. 게다가 아직도 소규모의 가족경영체제로 운영되는 곳이 많아 다량의 생산보다는 품질로 승부를 거는 곳이 많지요. 이는 결국 높은 가격으로 이어지기도 하지만요.

거대자본의 힘, 신세계 와인

고집스럽게 전통의 맛과 방식을 지켜가는 구세계 생산자들과 달리 새로운 기술과 방식을 도입해 혁신적이고 시장의 요구에 맞는 와인을 생산하는 것이 신세계 와인 생산자들의 특징이라 할 수 있지요. 또한 거대한 자본을 앞세워 자동화장비 등 대량생산체제를 갖춘 곳이 많답니다. 새로운 기술을 빠르게 접목시키며 품종간 다양한 블렌딩을 통한 실험적이고 획기적인 와인을 만들어내고 있지요.

구세계 와인이 테루아를 어떻게 잘 표현해 낼까에 관심을 갖는다면, 신세계는 포도 품종의 활용방법에 더 관심이 많습니다. 그래서 신세계 와인 레이블에는 대부분 포도 품종이 명시되어 있지요. 신세계 와인은 대량생산을 통해 가격은 저렴하면서도 트렌드에 맞는 와인을 생산해 가격 대비 품질이 좋은 와인이라 평가를 받는답니다.

국가별 와인의 특징

드라이한 맛이 강한 프랑스 와인

유럽을 대표하는 프랑스를 볼까요? 프랑스는 훌륭한 포도 재배 환경과 전통을 바탕으로 한 와인 제조 기술력 개발, 철저한 등급과 품질 관리 노력 등으로 고품질의 와인을 생산하는 와인 강국입니다. 묵직한 보르도 블렌딩 와인, 섬세한 부르고뉴의 피노 누아 와인, 야성적인 론 와인, 샴페인 등 다양한 와인들이 생산되지요. 다른 나라 와인들에 비해 테루아의 특성이 잘 드러나고 드라이한 맛이 강한 것이 특징입니다.

음식과 곁들이기 좋은 이탈리아 와인

프랑스와 함께 유럽 와인의 쌍두마차로 불리는 이탈리아는 각 지역의 토착품종을 사용해 매우 다양한 와인을 만들고 있습니다. 이탈리아의 레드와인은 프랑스에 비해 다소 진한 풍미가 있어 부드러우면서도 약간 상큼한 산도가 매력 포인트입니다. 그래서 와인만 마시기보다는 음식과 곁들여 마실 경우 찰떡궁합을 보이는 것이 이탈리아 와인이죠.

진하고 파워풀한 맛의 스페인과 포르투갈 와인

프랑스와 이탈리아의 명성에 가려 오랫동안 저평가되어 온 이베리아 반도의 스페인과 포르투갈은 사실 주정강화 와인과 스위트 와인의 명산지입니다. 물론 일반 와인 분야에서도 프랑스 못지않은 최고급 와인을 생산하는 곳들입니다. 뜨거운 태양의 열기를 고스란히 받는 지역적 특색 덕분에 다른 유럽산 포도들에 비해 당분이 많아 알코올 도수가 높고 진하고 파워풀한 맛이 매력입니다.

꿀처럼 진하고 달콤한 맛의 독일 와인

유럽의 최북단에 위치한 독일은 스위트 와인의 대표적인 산지입니다. 서늘한 기후로 인해 화이트와인이 주를 이루지만 점차 레드와인의 비중이 늘고 있습니다. 독일의 스위트 와인은 꿀처럼 달콤한 맛이 지배적이며, 좋은 와인일수록 상큼한 산도가 느껴지면서 뒷맛이 깔끔한 것이 특징입니다.

미국, 칠레, 호주, 남아공 등 신세계 와인

한편 미국, 칠레, 호주, 남아공 등지의 이른바 '신세계 와인'은 여러 품종을 섞어 더 강한 풀바디(무게감이 있는 와인)를 만들기도 하지만 고유의 맛을 느낄 수 있는 단일 품종으로 만들어 친근감을 주는 경우도 많습니다. 과일의 진한 풍미 때문에 드라이한 맛이 상대적으로 약하고, 오크향의 여운이 남는 것이 특징이지요.

와인의 향은
오크통이 좌우한다!

원래는 운송수단으로 사용하기 시작한 오크통

오크(Oak)는 도토리나무를 뜻합니다. 전통적으로 오크로 만든 통은 와인의 저장과 숙성을 위한 휴식공간으로 사용되었습니다. 와인을 오크통에 담아 보관하는 것은 와인 저장이라는 기본적인 목적 이외에 더 풍부하고 우아한 맛과 향을 얻기 위한 목적도 있습니다. 오크통은 부드러운 타닌과 다양하고 화려한 풍미를 가진 와인을 만드는 데 절대적으로 필요한 요소입니다.

물론 처음부터 이러한 목적으로 오크통을 사용한 것은 아니랍니다. 그리스로마 시대에는 와인 보관 용기로 암포라라는 그릇이 가장 널리 사용되었습니다.

이후 무역이 발달함에 따라 항해자들은 항아리보다 나무로 만든 컨테이너가 와인 보관에 더 효율적이라는 사실을 알게 되었죠. 효율적인 운송수단으로 오크통을 사용했을 뿐인데 와인에 더 많은 풍미를 주게 된 것입니다.

와인의 다양한 아로마를 결정짓는 오크통 토스팅

와인용 오크로는 프랑스산과 미국산이 가장 널리 사용되는데, 타닌 성분이 많고 좀더 세밀한 조직을 가지고 있는 프랑스산 오크에 비해 미국산 오크는 좋은 질감과 더 화려한 아로마를 선사해 주는 특성이 있습니다. 고가 와인들은 주로 프랑스산 오크를 선호하는 경향이 있답니다.

유명한 오크통 제조업체로는 로마네 콩티가 사용하는 프랑스와 프레르(François Fréres), 세갱모로(Seguin Moreau) 등이 있습니다. 샤토 오 브리옹(Château Haut Brion)은 세갱모로와 함께 양조장 내에 직접 오크통 제작소를 운영하고 있는 와이너리이기도 합니다.

오크통을 만드는 데에는 반드시 사람의 손을 거쳐야 하는 고도의 작업이 수반되는데, 특히 오크통 내부를 어떻게, 얼마나 불에 그을리는가 하는 것이 노하우 중 하나랍니다. 일반적으로 라이트 토스팅, 미디엄 토스팅, 헤비 토스팅의 3단계가 있으며, 주로 미디엄 혹은 미디엄플러스 단계를 많이 사용하지요.

오크통 그을리는 모습

이 그을림의 정도에 따라 바닐라, 토스트, 버터, 초콜릿, 후추 향 같은 와인의 다양한 아로마가 결정됩니다. 또한 오크 자체에 타닌 성분을 함유하고 있어 타닌이 부족한 와인들은 채워주고 넘치는 와인들은 타닌감을 부드럽게 만들어주는 역할도 합니다.

보통 프랑스산 오크통 1개는 약 800달러를 호가합니다. 오크통이 고가의 와인을 위한 용도로밖에 사용될 수 없는 이유죠. 그럼에도 불구하고 '오크 맛'을 선호하는 시장의 요구에 따라 오크통 사용은 오히려 늘고 있는 추세랍니다.

오크통 자체의 비싼 가격과 오크통 보관을 위한 공간 유지비용 등이 부담스러운 와인 메이커들은 대체품을 이용해서 오크의 맛과 향만 얻어내기도 합니다. 그 일환으로 오크 조각(Oak chip), 오크 파우더(Oak powder) 등이 널리 사용되는데, 특히 신세계의 와인 메이커들이 즐겨 사용하는 방법입니다.

60

세계에서 가장 비싼
와인은?

꿈의 와인, 로마네 콩티!

세계에서 가장 비싼 와인의 왕좌는 거의 프랑스 와인들의 차지랍니다. 그 중에서도 가장 비싼 와인으로 알려진 것은 프랑스 부르고뉴 지방에서 생산되는 '로마네 콩티'입니다. 로마네 콩티는 본느 로마네라는 마을의 한 포도원에서 생산하는 와인으로 우아하고 매혹적인 질감을 자랑하며 와인 애호가들 사이에서도 전설로 통한답니다. 콩티(Conti)는 18세기에 이 밭을 소유한 왕자의 이름입니다. 철저한 수작업과 품질 향상을 위한 철저한 가지치기, 열매솎기 등으로 1년에 생산되는 양이 약 5,400병으로 제한되어 있지요.

매년 고작 수천 병을 생산할 뿐인데, 전세계 와인 중개상들이 서로 사겠다고 몰려드니 가격이 오를 수밖에요. 보통 병당 수백만원에서 수천만원까지 호가하며, 미리 예약을 하지 않으면 마시기 힘든 와인이지요. 게다가 로마네 콩티는 다른 그랑크뤼급 11병의 와인과 세트로 구성되어 판매됩니다. 즉 한 병을 사려면 한 상자를 사야 하는 것이지요. 물론 그 안에 로마네 콩티는 한 병뿐이지만요.

남성적인 샤토 페트뤼스!

부르고뉴에 로마네 콩티가 있다면 보르도에는 교황 1세의 초상화가 그려진 샤토 페트뤼스(Château Petrus)가 있습니다. 보르도의 포므롤(Pomerol)에서 메를로 100%의 단일 품종으로 만들어지는 와인이지요. 단단한 타닌으로 남성적이면서 힘찬 기상이 느껴집니다. 보통 병당 250만원이 넘으며, 빈티지에 따라 수천만원을 호가합니다.

와인, 기호품을 넘어 투자의 대상이 되다

와인 대공황 사태를 겪으면서 마땅한 대체재가 존재하지 않는 와인이 투자대상으로까지 떠오르게 되었습니다. 와인은 해가 거듭될수록 가치가 상승

최고가에 낙찰된 와인. 샤토 디켐(1811), 샤토 라피트 로칠드(1869), 로마네 콩티(1985)

하는 경우가 많고, 또 올드 빈티지에 대한 와인 애호가들의 끊임없는 향수가 와인의 투자가치를 더욱 높여주고 있지요.

2011년 영국에서는 1811년 프랑스 보르도에서 생산된 샤토 디켐이 무려 7만 5천 유로(당시 약 1억 3천만원)에 팔려 기네스북 최고기록을 갱신했지요. 보통 화이트와인은 장기숙성을 하지 않지만, 이 와인은 다량의 당분이 산 성분과 반응해 200년 역사의 향을 느낄 수 있다고 합니다.

2010년 소더비 경매에서는 1869년산 샤토 라피트 로칠드가 23만 달러(당시 약 2억 6천만원)에 낙찰됐으며, 2007년 크리스티 경매에서는 로마네 콩티 1985년 빈티지 한 케이스가 23만 7천 달러(당시 약 2억 6천만원)에 낙찰된 바 있지요.

하지만 이 와인들 중 '어느 것이 가장 비싸다'라고 잘라 말하기는 힘듭니다. 와인 가격은 어느 해 빈티지가 몇 병이나 남아 있는지 등의 희소성과 수요에 따라 가치가 계속 변하니까요.

61

프랑스 와인 생산의 주역은?
샤토&네고시앙

프랑스를 대표하는 보르도와 부르고뉴 와인을 생산하는 대표적인 존재로 샤토(Château)와 네고시앙(Négociant)을 들 수 있습니다. 이들이 없었다면 프랑스 와인산업이 이렇게 튼튼하게 성장할 수 없었겠지요.

포도 재배부터 양조, 병입까지 직접 하는 와이너리, 샤토

보르도 지방에서는 포도밭을 소유하며 와인을 생산하고 판매하는 와이너리를 '샤토(Château)'라 부릅니다. 샤토*는 영어로는 캐슬 (Castle), 즉 성이나 대저택을 뜻하는 말이지요. 부르고뉴 지역에서는 도멘(Domaine)이라 부르기도 합니다. 프랑스 와인산업에서 큰 영향력을 행사하는 이들은 자기 소유의 포도밭에서 재배한 포도로 직접 양조를 하고 병입

◆ 샤토(Château)

보르도 지역에서 사용하는 단어이고, 부르고뉴 지방에서는 도멘 (Domain, 소유지, 영토), 영어로는 에스테이트(Estate), 독일어로는 바인구트(Weingut)라고 합니다.

까지 하는 등 원스톱(One-stop) 시스템을 갖추고 있지요. 와이너리에 처음 '샤토'라는 명칭을 붙여 고급스러운 이미지를 더하면서 직접 와인을 생산하고 판매까지 하기 시작한 것은 샤토 오 브리옹이라고 알려져 있습니다. 샤토 오 브리옹은 지금까지도 보르도의 5대 명품 와인 중 하나로 명성이 자자합니다. 이전까지는 숙성과 병입, 마케팅과 판매는 대부분 네고시앙의 몫이었지요. 이후 19세기에 보르도에 진출한 신흥 세력들이 와인 브랜드에 고급스러운 이미지

(위에서부터) 샤토 마고 셀러, 샤토 지스쿠르

를 주기 위해 '샤토'라는 명칭을 많이 사용하면서 보르도 와이너리를 상징하는 용어가 되었습니다. 샤토에서 생산된 와인들은 레이블에 '미장 부테이유 오 샤토(Mis en Bouteille au Château)'라 표기되는데, 이는 '샤토에서 병입되었다'는 뜻입니다.

와인 메이커이자 와인 중개상, 네고시앙

프랑스 와인 생산의 두 번째 주역은 네고시앙(Négociant)입니다. 일명 '와인 상인'이라 불리는 이들은 다른 개인 포도밭에서 수확한 포도나 양조 중인 와인을 사들여 자신들의 양조장에서 직접 와인을 만들고 병입한 후 자신들의 레이블로 판매하는 와인 판매자이자 생산자입니다. 물론 샤토에서 생산된 와인을 유통만 시키기도 하지요. 즉 하나의 와인 브랜드가 되기도 하고, 와인 중개업자가 되기도 하는 등 여러 역할을 수행합니다.

특히 포도밭의 규모가 워낙 작고 주인이 여러 사람인 경우가 많은 부르고뉴의 경우 네고시앙에 따라 와인의 품질이 결정되는 경우가 많습니다. 직접 포도밭을 매입해 포도 재배부터 병입까지 하며 샤토의 기능을 하는 네고시앙도 많고요. 과거 프랑스 혁명 이후 부르고뉴 지역의 수도회 소속 포도밭이 일반인들 소유로 넘어가면서 자본이 넉넉하지 못해 양조 시설이 없거나 판로가 없던 포도밭 주인들이 자본이 풍부하고 유통망이 넓은 중개상인들에게 자신들이 수확한 포도를 팔게 된 것이 시초가 되어 지금까지 그 역할이 이어지고 있지요. 부르고뉴 와인의 80%를 네고시앙이 생산한다니 그 영향력이 굉장합니다. 부르고뉴에는 거대 네고시앙도 많은데, 이를 '메종(Maison)'이라 부르며 레이블에도 메종(Masion)이라는 단어가 표기됩니다. 네고시앙에서 직접 소유한 포도밭에서 만들어지는 와인의 경우 '도멘(Domain)'이라 표기되기도 하고요.

또한 네고시앙이 만든 레이블에는 샤토와는 달리 '미장 부테이유 파르(Mis en Bouteille par ○○)'라 표기되기도 하는데, 이는 '○○ 네고시앙에 의해 병입되었다'는 뜻입니다.

보르도 샤토 레이블

보르도 네고시앙 레이블

와인 생산자와 네고시앙을 연결해주는 쿠르티에

보르도에는 샤토와 네고시앙 이외에 와인 생산자와 네고시앙을 연결해주는 중개인, 쿠르티에(Courtier)가 존재합니다. 네고시앙이 원하는 품질의 와인을 찾아주고 와인 생산자와 네고시앙 사이의 커뮤니케이션을 통해 거래를 성사시키는 중개 역할을 담당하지요. 와인을 시음하고 생산 과정을 검사하는 등 전문가적인 시각을 갖고 서로의 요구를 충족시켜 거래를 성사시킵니다. 요즘엔 생산된 와인을 사들여 직접 유통시키기도 합니다.

프랑스의 유명 네고시앙

1. 보르도
   - Castel(카스텔)
   - Baron Philippe de Rothschild
     (바롱 필립 드 로칠드)
   - CVBG-Dourthe Kressman
     (씨브이비지-두르트 크레스만)
   - Calvet(칼베)

2. 부르고뉴
   - Bouchard Père et Fils
     (부샤르 페르 에 피스)

   - Joseph Drouhin(조셉 드루앵)
   - Faiveley(페블리)
   - Louis Jadot(루이 자도)

3. 론
   - Maison Guigal(메종 기갈)
   - Maison Michel Chapoutier
     (메종 미셸 샤푸티에)
   - Maison Paul Jaboulet Aîné
     (메종 폴 자불레 애네)

Castel

CVBG-Dourthe Kressman

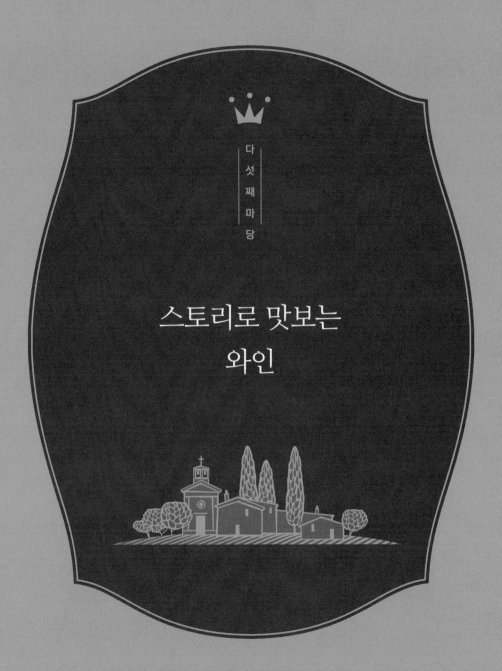

다섯째마당

스토리로 맛보는
와인

62

시인의 꿈,
디히터트라움

디히터트라움 리슬링 젝트
Dichtertraum Riesling Sekt

- **생산자**　　SMW
- **종류**　　　스파클링 와인(젝트 – 독일과 오스트리아에서 스파클링 와인을 칭하는 말)
- **품종**　　　리슬링 100%
- **생산지역**　독일 모젤
- **양조**　　　전통 샴페인 제조방식, 2차 병입 발효

테이스팅 노트

사과, 레몬 등 열대 과일의 풍부한 아로마, 새콤달콤한 풍미와 함께 상쾌함과 싱그러움
이 미각을 자극하며 생기발랄하면서 부드러운 버블의 여운이 돋보입니다.

음식 매칭

식전 요리, 회, 대하 등 해산물 요리는 물론 기름진 중국 음식과도 잘 어울립니다.

역사 속 문학가와 시인들 중에는 유독 와인을 사랑한 인물들이 많았습니다. 독일의 대문호 괴테는 "맛없는 와인을 먹기에는 인생이 너무 짧다"라고 말했을 정도로 와인을 사랑했습니다. 그가 직접 그린 그림을 레이블로 사용한 와인이 바로 '괴테의 와인'이라 불리는 디히터트라움입니다. 독일어로 디히터(Dichter)는 시인, 트라움(Traum)은 꿈이라는 뜻이지요.

괴테는 프랑스 혁명(1789~1794) 참전 후 독일로 돌아가는 길에 지금의 룩셈부르크에 위치한 셍겐(Schengen)이라는 마을을 지났는데 이 마을의 아름다운 풍경에 도취되어 직접 그림을 그렸습니다. 그는 주변 경치와 함께 자유의 나무를 그려 넣고 '지나가는 이들이여, 이 땅은 이제 자유의 땅일세'라는 말을 새겨 넣었다고 합니다. 당시 자유의 나무는 자유를 상징하는 시민 혁명의 상징과 같은 것으로 이 나무를 심는 풍습은 프랑스뿐 아니라 스위스, 독일 등 프랑스 혁명군이 점령한 유럽 각지로 파급되었습니다. 실제로 셍겐 마을에는 자유의 나무가 없었지만 일부러 그려 넣은 것이지요. 그가 얼마나 프랑스 혁명을 통해 자유를 갈망하고 유럽의 평화를 기원했는지 알 수 있는 일화입니다.

유럽의 평화를 바라던 괴테의 꿈이 담긴 와인

이후 200여년이 지나 독일, 프랑스, 룩셈부르크 3국의 경계를 이루는 셍겐 마을에서 유럽연합의 국경 개방 조약이 이루어졌습니다. 국경 검문소 철폐와 자유로운 왕래를 약속하며 1985년 처음 체결된 셍겐 조약은 프랑스, 독일, 벨기에, 네덜란드, 룩셈부르크의 5개국을 시작으로 이후 매해 가입국이 늘어 26여개국이 가입되어 있습니다. 1992년에 이 셍겐 조약을 기념하는 행사가 트리어와 룩셈부르크에서 열렸고 그 행사에 와인 생산자들의 협회인 SMW가 괴테의 젝트를 만들어 후원하였습니다. 1983년에 만들어진 SMW는 독일 모젤과 자르 강 지역의 와인 생산자들 32명이 모여 만든 협회로 철저한 품질 관리로 고품질의 와인을 생산하며 국제적으로 높이 평가받는 곳입니다.

디히터트라움 레이블에 그려진 괴테의 그림

SMW는 괴테가 꿈꾸던 유럽의 평화가 이루어졌다는 뜻에서 '디히터트라움(Dichtertraum, 시인의 꿈)'이라는 이름을 붙인 와인을 탄생시켰습니다. 특히 괴테박물관의 허가를 받아 그가 그린 셍겐의 그림을 레이블에 넣기도 했죠. 디히터트라움 리슬링 젝트는 2014년 '베를린 와인 트로피(Berlin Wine Trophy)'에서 골드 메달을 획득했으며 세계 3대 영화제인 베를린 국제영화제 공식 스파클링 와인으로 지정되는 등 독일뿐 아니라 국제적으로도 높은 인기를 끌고 있습니다.

금지된 사랑의 승리,
가비아

반피 프린시페사 가비아 페르란테
Banfi Principessa Gavia Perlante

- **생산자**   반피
- **종류**   약 스파클링 화이트와인
- **품종**   코르테제 100%
- **생산지역**   이탈리아 피에몬테
- **양조**   약 4개월간 스테인리스 통에서 발효와 숙성

테이스팅 노트

밀짚처럼 옅은 초록색을 띤 연한 노란색입니다. 섬세하고 향긋한 꽃내음과 산뜻한 과일 향이 입 안에 가득 퍼지며 드라이하면서도 산뜻한 맛을 냅니다.

음식 매칭

드라이하면서 산도가 높아 신전주로 좋고 오일리한 파스타나 기름진 음식, 회나 해산물 등과 잘 어울립니다.

공주와 근위병의 사랑으로 탄생된 와인

아름다운 가비아 공주의 초상화가 그려진 이탈리아의 가비아 와인에는 신선한 꽃과 과일향만큼이나 로맨틱한 사랑 이야기가 담겨있습니다. 로마가 망하자 5세기경 게르만족의 한 분파인 프랑크족은 로마인들이 차지한 영토를 침략하기 시작하더니 결국 유럽의 대부분을 장악하고 거대한 왕국을 건설하

가비아 공주의 옆얼굴이 담긴 레이블

게 되었지요. 이는 후에 유럽 왕실의 시초가 되었고요. 프랑크 왕국의 왕이었던 클로디미르(Clodimir)에게는 아름답고 매력적인 딸 가비아(Gavia)가 있었는데, 가비아 공주는 클로디미르 왕을 보호하던 젊고 잘생긴 근위병과 금지된 사랑에 빠져버렸죠. 그 둘은 너무나 사랑한 나머지 왕에게 결혼 허락을 받고자 했으나 왕은 단호히 거절했습니다.

결국 두 사람은 가족을 버리고 둘만의 사랑을 위해 머나먼 곳으로 도피를 하게 되었습니다. 그러던 중 한 마을에 이르렀는데, 사랑의 도피에 지쳐있던 두 사람은 와인을 마시며 피로를 풀기로 했지요. 그런데 한 입 맛본 와인 맛이 너무 좋아서 취할 때까지 마시게 되었고, 한껏 취한 근위병은 결국 여관 주인에게 자신의 처지를 한탄하다가 잠들어버렸습니다.

모든 사실을 알게 된 여관 주인은 왕에게 밀고를 했고 결국 둘은 왕의 군대에 잡혀 왕에게 끌려가게 되었습니다. 왕은 처음에는 그 둘을 벌하려 했지만 그들의 진실한 사랑을 깨닫고 결국 결혼을 허락해 두 사람의 사랑은 해피엔딩으로 마무리되었죠. 그리고 둘에게 그 맛있는 화이트와인이 만들어지던 영지

를 하사하고 그 지역의 이름을 공주의 이름을 따서 '가비'라 명명하였습니다. 이후 가비는 이탈리아 피에몬테의 지역 이름이자 그 지역에서 생산되는 화이트와인을 칭하는 용어로 자리잡았습니다.

신선하고 상큼한 화이트와인, 가비

가비는 이탈리아 피에몬테 주에 위치한 알렉산드리아 지방의 가비 마을을 비롯한 주변 마을에서 생산되는 법적 허용 품종인 코르테제(Cortese) 100%, D.O.P(=D.O.C.G) 등급의 화이트와인을 칭합니다. 와인 레이블에는 코르테제 디 가비(Cortese di Gavi)나 가비 디 가비(Gavi di Gavi), 또는 심플하게 가비(Gavi)라 표기됩니다.

특히 반피 와이너리에서 생산하는 프린시페사 가비아는 스파클링 와인이어서 코르테제 품종 특유의 신선한 아로마와 함께 상큼한 기포가 매력적인 조화를 이룹니다. 샌드위치와 함께 하는 야외 나들이나 달콤한 케이크가 있는 생일 파티 등에 동반하면 최고의 센스쟁이로 거듭날 수 있는 아이템이지요.

64

피난처의 여인,
돈나푸가타

돈나푸가타 밀레 에 우나 노테
Donnafugata Mille e Una Notte

- **생산자** 돈나푸가타
- **종류** 레드와인
- **품종** 네로 다볼라 90%, 지역 토착 품종 10%
- **생산지역** 이탈리아 시칠리아
- **양조** 프랑스산 오크통에서 24개월 숙성, 병입 후 최소 1년 숙성

테이스팅 노트

레드 체리와 감초를 연상케 하는 아로마와 함께 잘 숙성된 오크 풍미가 매력적입니다.

음식 매칭

굽거나 훈제된 소고기 요리에 잘 어울립니다.

돈나푸가타는 1851년에 설립되어 무려 165년 이상의 역사를 지닌 이탈리아 시칠리아의 대표 와이너리입니다. 이곳의 돈나푸가타 와인에는 비운의 왕비 이야기가 숨겨져 있습니다. 돈나(Donna)는 '여자', 푸가타(Fugata)는 '도망간, 피신한'을 뜻하는 이탈리아어로 돈나푸가타는 '피난처의 여인'을 뜻하지요.

비운의 왕비 이야기를 간직한 와이너리

돈나푸가타 와인의 실제 주인공은 나폴리의 왕이었던 페르디난도(Ferdinando) 4세의 아내이자 프랑스 마리 앙투아네트(Marie Antoinette) 왕비의 친언니이기도 한 마리아 카롤리나(Maria Carolina) 왕비입니다. 마리아 카롤리나는 원래 오스트리아 출신으로 합스부르크 왕국의 유일한 여성 통치자였던 마리아 테레지아(Maria Theresia)의 열세 번째 딸이었습니다. 이탈리아 부르봉 왕국으로 시집온 이후 권력에 관심이 없는 남편 페르디난도 4세를 대신해서 섭정을 펼친 철의 여인이기도 했지요.

하지만 프랑스 혁명 때 국고를 낭비하고 반혁명을 시도한 죄로 마리 앙투아네트가 단두대의 이슬로 사라지자 마리아 카롤리나는 프랑스에 반감을 품고 프랑스에 대항하는 세력과 동맹을 맺게 됩니다. 그런데 당시 프랑스군을 이끌던 나폴레옹의 군대가 나폴리를 점령하면서 그녀와 국왕 일가는 지금의 시칠리아로 쫓겨나듯 도망치게 되었지요. 그때 그녀가 머물던 곳에 바로 돈나푸가타 와이너리가 자리를 잡은 것입니다. 결국 마리아 카롤리나는 다시 본국인 오스트리아로 추방되어 63세의 나이에 뇌졸중으로 생을 마감했다고 합니다.

슬픈 여인의 모습이 담긴 와인 레이블

랄로 패밀리(Rallo Family)는 이 역사적인 스토리를 가진 장소에 와이너리를 짓고 카롤리나의 기구한 사연을 담아 와이너리의 이름을 돈나푸가타로 지었습니다. 돈나푸가타의 로고로 사용되고 있는 여인 역시 마리아 카롤리나의 사연을 담은 것입니다. 바로 바람에 머리카락을 휘날리며 도망가는 여인의 모습을 상징한 것이지요. 돈나푸가타의 밀레 에 우나 노테(Mille e Una Notte)는 천하루의 밤(Thousand and One Nights)이란 뜻으로 〈천일야화〉의 낭만적인 이야기를 테마로 합니다. 와인 레이블에는 동화적인 상상력이 더해져 시칠리아 지역으로 피난 온 마리아 카롤리나 왕비의 궁전이 그려졌지요.

마리아 카롤리나의 사연이 담긴 레이블

이외에도 돈나푸가타 와이너리는 앙겔리(Angheli), 라 푸가(La Fuga), 안씰리아(Anthilia) 등 여인의 모습을 테마로 한 와인을 다양하게 보유하고 있는 것이 특징입니다. 대부분의 레이블에는 마리아 카롤리나의 비극적인 운명과 뜻을 같이하는 슬픈 여인의 모습이 담겨 있지요.

또한 돈나푸가타 와인들은 그 탄생에서부터 예술과 낭만적인 시, 소설 등으로부터 많은 영감을 받는 것으로도 유명합니다. 탄그레티(Tancredi)와 세다라(Sedara)는 각각 이탈리아 국민작가 주세페 토마시(Guiseppe Tomasi)의 소설이자, 1963년 깐느 영화제에서 황금종려상을 수상한 영화 〈레오파드(Leopard)〉의 남녀 주인공 이름에서, 앙겔리(Angheli)는 〈광란의 오를란도〉의 여인 안젤리카(Angelica)에서 영감을 받아 탄생한 이름입니다.

현재 돈나푸가타는 프리미엄 이탈리아 와인 생산자들의 모임인 그란디 마르키(Grandi Marchi)의 멤버로, 이탈리아 와인의 품질을 세계적으로 널리 알리고 있는 와이너리로 평가 받고 있습니다. 특히 밀레 에 우나 노테의 경우 〈와인 스펙테이터〉, 〈디캔터〉 등에서 90점 이상의 높은 점수를 획득하며 와인 애호가들의 사랑을 독차지하고 있습니다.

65

걸작이 된 와이너리,
마르케스 데 리스칼

마르케스 데 리스칼 리제르바
Marqués de Riscal Reserva

- **생산자**   마르케스 데 리스칼
- **종류**   레드와인
- **품종**   템프라니요 90%, 그라시아노 & 마주엘로 10%
- **생산지역**   스페인 리오하
- **양조**   미국산 오크통에서 2년 숙성, 병입 후 1년 숙성

테이스팅 노트

검은 체리, 검은 베리류의 아로마가 돋보이며 구운 빵, 버터의 여운과 함께 블랙 후추,
다크 초콜릿 향이 부드럽게 조화를 이룹니다.

음식 매칭

소스의 풍미가 좋은 갈비찜이나 불고기 같은 음식에 잘 어울립니다.

전세계에서 가장 아름다운 와이너리로 손꼽히는 스페인 리오하의 마르케스 데 리스칼에 가면 건축가 프랭크 게리(Frank Gehry)가 건축한 부티크 호텔에서 멋진 포도밭 풍경을 감상하며 와인 한 잔의 여유를 만끽할 수 있습니다. 프랭크 게리는 빌바오 구겐하임 미술관, 산타모니카 미술관, LA 월트디즈니 콘서트홀 등을 건립한 캐나다 출신의 세계적인 건축가이지요.

포도밭 가운데 자리잡은 와이너리 호텔

마르케스 데 리스칼은 1858년에 설립된 스페인에서 가장 오래된 와이너리이자 스페인을 대표하는 와이너리로, 리오하와 루에다 지역 와인의 개척자 역할을 해오고 있습니다. 특히 프랭크 게리가 건축한 와이너리와 호텔 건물은 리오하의 자랑이자 명소가 되었습니다. 설계를 의뢰 받은 프랭크 게리가 그가 태어난 해인 1929년 빈티지 와인을 선물 받고 이를 수락했다는 것은 유명한 일화이지요. 이후 프랭크 게리와 함께 무려 6,300유로를 들여 와인 생산 시설을 현대화시키고 포도밭을 배경으로 아이코닉한 호텔을 세우는 대형 프로젝트가 시작되었습니다. 작은 와이너리 마을이 프랭크 게리의 손을 거쳐 자연 속 미래 도시로 탈바꿈하게 된 것이지요.

2006년에 완공된 호텔 마르케스 데 리스칼의 외관은 워낙 특이해서 멀리서도 쉽게 눈에 띕니다. 호텔 전면에 티타늄 강판으로 거대한 조형물을 설치해 마치 플라멩코 무희의 드레스가 물결치듯 흐르는 모습을 형상화했는데요. 이 조형물은 바로 마르케스 데 리스칼의 대표 이미지가 되었으며 이를 기념해 '게리 셀렉션(Gehry Selection)'이라는 최고급 와인을 선보이기도 했지요. 외관은 미래적이지만 와이너리 호텔로서의 여유와 풍미도 충분히 갖추고 있어 더

프랭크 게리가 디자인한 호텔 '마르케스 데 리스칼'

욱 매력적입니다. 실제 이 호텔은 옛 와인 창고를 개조해 완성한 것이어서 포도 수확철이 되면 최고의 풍광을 자랑하고, 창문 밖으로는 와이너리에 둘러싸인 중세 마을이 한눈에 들어온답니다. 세월이 묻어나는 와인 저장고를 개조한 연회장도 멋스럽고요.

12개의 스위트룸을 포함해 총 43개의 객실을 갖춘 호텔 마르케스 데 리스칼은 면적당 건설비가 세계에서 가장 비싼 호텔 중 하나로 기록되었으며 호텔 개관식에는 스페인 국왕 카를로스가 직접 참석해 화제가 되기도 했지요. '죽기 전에 꼭 가야 할 세계 휴양지 1001'에도 이름을 올렸고요.

스페인 왕실의 공식 와이너리

마르케스 데 리스칼을 설립한 카밀로 후르타도 데 아메자하는 보르도의 유명한 양조가 장 피노(Jean Pineau)와 함께 프랑스 포도 품종을 도입하고 양조 과정시 포도 줄기를 제거하고 보르도 오크통을 사용하는 등 보르도의 와인

기술을 들여와 리오하 지역 와인 품질에 비약적인 발전을 이끌어낸 인물입니다. 또한 마르케스 데 리스칼은 1895년 비프랑스산 와인으로는 처음으로 당시 보르도 최고의 영예 타이틀인 'Le Diplôme d'Honneur à L'Exposition de Bordeaux'를 수상하기도 했습니다. 그때 수상한 증서는 지금까지도 와인 병 레이블 위에 표시되어 있지요. 이를 계기로 마르케스 데 리스칼의 병에 다른 와인을 담아 판매하는 일이 생기자 모조품을 막고자 금색 와이어로 병을 감싸 판매하게 되는데, 이제는 이것이 마르케스 데 리스칼 와인의 상징이 되었습니다.

현재 마르케스 데 리스칼은 스페인 왕실 공식 와이너리이며 프랑스 메독 1등급 와인인 샤토 마고의 수석 와인 메이커 폴 퐁타이에(Paul Pontallier)와의 협력을 통해 지속적으로 품질 향상을 꾀하고 있습니다. 주류 전문지인 〈드링크 인터내셔널〉에서 선정한 '세계에서 가장 인정받는 와이너리 Top 10'에 샤토 라피트, 샤토 라투르 등과 함께 이름을 올리기도 했지요.

음악이 흐르는 와인,
바바

바바 스트라디바리오 바르베라 다스티
Bava Stradivario Barbera d'Asti

- **생산자** 바바
- **종류** 레드와인
- **품종** 바르베라 100%
- **생산지역** 이탈리아 피에몬테
- **양조** 프랑스산 오크통에서 18개월간 숙성

테이스팅 노트

짙은 루비 색상을 띠며 잘 익은 블랙 체리와 스파이시한 과일향이 오크통의 구수한 향과
잘 어우러집니다. 잘 농축된 과실의 풍성함이 입 안을 벨벳처럼 부드럽게 감싸주지요.

음식 매칭

미트 소스 파스타, 스테이크, 숙성된 치즈류와 잘 어울립니다.

음악은 인간에게뿐 아니라 식물에게도 위대한 힘을 발휘합니다. 식물 역시 인간처럼 자신이 좋아하는 특정 음파에 반응한다는 연구 결과가 발표되기도 했지요. 와인에서도 이런 이론을 적용해 음악과 함께 만들어지는 와인이 있습니다. 바로 이탈리아 피에몬테의 대표 와인 명가로 고품질의 부티크 와인을 생산하는 '바바'가 그 주인공입니다.

바바 가문은 17세기 중반부터 피에몬테의 코코나토 다스티(Cocconato d'Asti) 지역에서 포도 경작을 시작해 1911년 랑게(Langhe)와 몬페라토(Monferrato) 지역으로 포도밭을 넓히고 와인 셀러를 지은 후 4대째 가족 경영 시스템을 이어오고 있습니다. 피에몬테의 대표 포도 품종인 '바르베라'의 최고 생산자로 손꼽히는 와이너리이기도 하죠.

자연과 음악이 키운 최고의 와인, 바바

바바는 특히 와인 속에 음악 DNA를 심는 것으로 유명합니다. 포도밭과 셀러에서 클래식 콘서트를 진행해 와인이 만들어지는 과정에서 음악의 감성이 와인에 그대로 스며들도록 하는 것이지요. 바바 가문의 철학을 대변하는 '사운즈 오브 와인(Sounds of Wine)' 이론을 바탕으로 와인도 하나의 살아있는 생명체로 보고 아름다운 음악을 들은 와인은 맛과 성향 또한 좋아질 것이라고 믿는 것입니다. 포도밭에서는 음악이 흐르고 와인 셀러에 클래식 콘서트홀을 갖추고 있습니다. 매년 포도 수확 후 발효하는 시기에 포도밭 중앙에서 오케스트라 공연을 진행해오고 있어 그 시기만 되면 바바 와이너리를 방문하고자 하는 와인 애호가들이 줄을 잇습니다.

바바는 다년간의 클래식 콘서트와 와인 테이스팅을 동시에 진행한 결과 레드와인은 현악기와, 화이트와인은 관악기가 잘 매칭된다는 것을 발견하고 적극적으로 와인에 음악적 특성을 부여하고자 노력하고 있습니다. 이런 와인과 음악에 대한 철학은 와인 레이블에서도 찾아볼 수 있는데요. 바바의 레이블에는 다양한 악기 그림이 각 와인 스타일에 맞춰 표현되어 있습니다.

바바를 대표하는 와인으로는 세계적으로 가장 진귀한 바이올린이라 불리는 이탈리아 스트라디바리(Stradivari) 가문이 만든 바이올린이 그려진 '스트라디바리오'를 들 수 있습니다. 섬세한 고음과 함께 깊고 웅장한 소리를 연주하는 스트라디바리 바이올린처럼 짙은 루비 향을 띠며 맛에서도 원숙미가 느껴지지요. 이외에도 와인 맛의 깊이와 무게감, 뉘앙스에 따라 콘트라바소 바롤로, 비올론첼로 바르바레스코 등의 현악기 이름을 붙인 와인들을 선보입니다.

스트라디바리오는 코코나토 지역에서도 가장 높은 구릉지인 바소 몬페라토(Basso Monferrato)에서 생산된 포도로 빚어진 와인으로, 바바 와인 중 최고라고 평가 받고 있습니다. 바르베라 포도 품종의 우수성을 전세계에 알리는 데 일조한 와인으로 톰 스티븐슨의 《소더비 와인 엔사이클로페디아》에 대표적인 바르베라 다스티(Barbera d'Asti) 와인으로 소개되는 등 와인 잡지와 비평가들로부터 극찬을 받기도 했지요. 스트라디바리오를 마실 때는 현악기 소리가 슬프게 아름다운 사무엘 바버(Samuel Barber)의 〈현을 위한 아디지오(Adagio for Stings)〉를 틀어놓는 것도 잊지 말아야 하겠죠?

67

황제의 샴페인,
루이 로드레

루이 로드레 크리스털
Louis Roederer Cristal

- **생산자**   루이 로드레
- **종류**   스파클링 와인(샴페인)
- **품종**   피노 누아 55%, 샤르도네 45%
- **생산지역**   프랑스 샹파뉴
- **양조**   16%는 오크통, 84%는 스테인리스 통에서 발효, 이후 6년 숙성

테이스팅 노트

옅은 볏짚색에 서양배, 시트러스 계열의 아로마가 돋보입니다. 은은한 토스트의 풍미와 함께 섬세하면서 강하게 끊임없이 올라오는 기포와 크리미한 질감이 매력적이지요.

음식 매칭

개비이, 푸아그라, 싱싱한 해산물 요리와 잘 어울립니다.

240여년의 역사를 자랑하는 프랑스 최고의 샴페인 명가 '루이 로드레'의 셀러 로비에는 러시아 황제 알렉산더 2세의 흉상이 늠름한 모습을 뽐내고 있습니다. 그가 바로 루이 로드레 샴페인에 세계적인 명성을 안겨준 '크리스털'을 주문한 주인공입니다. 루이 로드레 크리스털은 여전히 '황제의 샴페인'이라 불리며 샴페인 애호가들에게 사랑과 동경의 대상이 되고 있습니다.

황제만을 위한 샴페인, 크리스털

러시아 제국의 대개혁기를 이끌었던 개혁 군주, 해방 군주로서 칭송받던 러시아 황제 알렉산더 2세는 프랑스 샴페인을 항상 즐겨 마시며 그 누구보다도 좋은 샴페인을 마시길 갈망했다지요. 특히 루이 로드레가의 샴페인을 즐겨 마시던 그는 매년 자신만을 위한 샴페인을 만들어줄 것을 요청했고, 1876년에 황제만을 위한 '크리스털'이 개발되었습니다. 최초의 크리스털은 황제의 독살을 막기 위해 내용물이 훤히 보이도록 진짜 크리스털 병에 담겼답니다. 또한 바닥에 독극물이 가라앉을 것을 염려해 바닥 부분이 쏙 들어간 펀트(Punt)가 없는 평평한 형태였습니다. 일반적인 와인이 햇빛의 투과를 막기 위해 어두운 색의 병을 사용하고 와인병의 강도를 높이고 침전물이 고이도록 펀트가 있는 것과는 달랐지요.

크리스털 샴페인은 1876년부터 1918년까지 러시아 황제들에게만 공급되다가 제2차 세계대전이 끝난 후에야 일반인도 즐길 수 있게 되었습니다. 현재에도 당시의 병 형태를 유지해 고품질의 투명 유리로 제작되며 병 목에는 황제의 문양이 인쇄되어 황제의 샴페인으로서의 명성을 유지하고 있지요.

루이 로드레 크리스털을 만드는 루이 로드레는 1776년 니콜라스 슈뢰더에 의해 설립되었고, 1833년 그의 조카인 루이 로드레에게 상속되면서 동명의 샴페인 하우스로서 찬란한 역사가 시작되었습니다. 유명 샴페인 하우스들이 거대 자본에 합병된 것과 달리 가족 경영 형태를 유지하며 원칙과 철학을 고수하고 있지요. 프랑스 샹파뉴 지역에 자사 포도밭을 소유해 엄격하게 관리하고 있으며 품질 관리를 위해 생산량 역시 제한하고 있습니다. 프랑스 최고의 와인 평가지인 〈라 르뷔 뒤 뱅 드 프랑스(La Revue du Vin de France)〉에서 2013년에 발표한 '50곳의 최고 샴페인 생산자' 중 당당히 1위를 차지하기도 했지요.

특히 루이 로드레 크리스털은 루이 로드레를 대표하는 와인이라 할 수 있습니다. 루이 로드레가 소유한 그랑크뤼 등급의 최고 포도밭에서 재배된 포도로만 양조하며 셀러에서 평균 5년 이상 숙성시킨 후 찌꺼기를 제거하고 다시 8개월의 숙성기간을 거친 다음 만들어집니다. 품질 우선주의 원칙으로 실제로 작황이 좋지 않았던 1991년, 1992년, 1998년, 2001년에는 아예 생산이 되지 않기도 했지요. 그 후에 출시된 2002년 빈티지의 경우에는 와인 잡지 〈와인 맨 스피릿〉의 테이스팅 평가에서 100점 만점을 받기도 했습니다. 처음 와인을 주문한 이는 사라졌지만 그가 남긴 와인은 그 이름처럼 여전히 눈부신 빛을 발하고 있습니다.

68

예술이 된 와인,
샤토 무통 로칠드

샤토 무통 로칠드
Château Mouton Rothschild

- **생산자**   바론 필립 드 로칠드
- **종류**   레드와인
- **품종**   카베르네 소비뇽 89%, 메를로 7%, 카베르네 프랑 4%
- **생산지역**   프랑스 포이약
- **양조**   약 20개월간 프랑스 오크통에서 발효와 숙성

테이스팅 노트

영롱한 검붉은 자줏빛을 띱니다. 블랙 베리류의 강렬한 아로마, 스파이시한 토스트의 풍미, 바닐라, 초콜릿의 뉘앙스, 부드러운 타닌과 함께 풍부하면서 우아한 맛을 내며 긴 여운을 남기지요.

음식 매칭

섬세한 육류 요리, 프렌치 스타일의 요리와 잘 어울립니다.

와인을 고를 때 맛과 향만큼이나 중요한 기준이 된 것이 바로 레이블이지요. 와인 레이블을 하나의 예술로 승화시켜 그 안에 담긴 와인만큼이나 귀하게 대접받는 와인병이 있습니다. 바로 보르도 5대 샤토 중 하나로 저명한 화가들과 레이블 작업을 함께 해온 샤토 무통 로칠드입니다.

무통 로칠드는 유대인의 후손으로 과거 19세기 유럽에서 금융 재벌이었던 메이어 암셀 로스차일드(Mayer Amschel Rothschild, 로칠드의 영어식 발음)라는 가문에서 그 역사가 시작되었습니다. 그의 후손인 나다니엘 로칠드(Nathaniel Rothschild)가 1853년에 와이너리를 매입해 자신의 이름을 딴 샤토 무통 로칠드를 탄생시킨 거죠.

샤갈, 피카소, 앤디 워홀 등 세계적 아티스트가 만드는 레이블

샤토 무통 로칠드는 이후 창립자의 증손자인 필립 로칠드(Philippe Rothschild)에 의해 1924년 역사상 최초로 샤토 병입을 시도한 와이너리이기도 합니다. 그 전까지는 샤토 무통 로칠드 역시 메독의 다른 와이너리들처럼 와인을 오크통에 담아 보르도의 와인 중개상인들에게 팔았습니다. 오크통에 담긴 와인을 병입해서 레이블을 붙여 파는 것은 와인 상인들의 몫이었죠. 당연히 와인병의 디자인은 와이너리의 관심 밖이었고요. 필립 로칠드는 1924년 빈티지를 1926년에 출시하면서 당시 유명한 그래피스트인 쟝 카를뤼(Jean Carlu)에게 의뢰하여 자신만의 레이블을 만들기 시작했습니다. '모든 수확을 샤토에서 병입하였다'라는 문구와 함께 무통을 상징하는 양머리와 로칠드의 5형제를 상징하는 5개의 화살을 넣은 레이블을 만든 것입니다. 이는 샤토에서 모든 과정을 실시하고 병입마저 샤토 내에서 실시하게 된 최초의 사건이라

이우환 화백이 디자인한 2013년 빈티지 레이블

할 수 있습니다. 와인 제조 공정에 있어 새로운 트렌드와 역사가 시작된 대사건인 셈이죠.

이후 제2차 세계대전 말에 생산된 1945년 빈티지는 더욱 주목할 만합니다. 승리의 해에 생산된 1945년 빈티지를 기념하고자 프랑스의 젊은 아티스트 '필립 줄리앙(Philippe Jullian)'에게 의뢰해 윈스턴 처칠 때문에 유명해진 '승리의 V사인'을 바탕으로 레이블을 디자인한 것이죠. 1945년 빈티지를 시작으로 샤토 무통 로칠드는 매 빈티지마다 유명 아티스트들에게 의뢰하여 역사적인 레이블을 선보이게 되는데, 이는 '와인은 상품이 아닌 예술'이라는 바롱 필립 드 로칠드 가문의 신념을 보여주는 것이라 할 수 있습니다.

1970년에는 샤갈의 작품, 1973년 빈티지에는 특등급 반열에 오른 기념으로 당대 최고의 작가인 파블로 피카소의 작품을 넣었습니다. 샤토 무통 로칠드는 1855년 보르도 등급표가 만들어진 이후로 1973년 2등급에서 1등급으로 격상된 유일무이한 와이너리이기도 합니다. 1975년에는 앤디 워홀, 1982년 빈티지에는 존 휴스턴 등 세계적인 화가들의 그림을 레이블에 그려 넣었지요.

2004년 빈티지에는 프랑스-영국 화친 조약 100주년을 기리기 위해 찰스 황태자가 그린 작품을 레이블에 넣었으며 2003년 빈티지에는 샤토 무통 로칠드의 150주년을 맞이하여 1853년도의 샤토 매입 계약서를 배경으로 창업주인 나다니엘 로칠드의 사진을 레이블에 넣기도 했습니다. 또한 지난 2015년에는 샤토 무통 로칠드 2013 빈티지 레이블 디자인의 주인공으로 바로 화가이자 조형 예술가인 이우환 화백이 한국인 최초로 선정되어 화제를 모으기도 했죠. 와인 컬러를 이용해 와인의 강한 생명력을 표현한 작품이었습니다.

이처럼 세계 최고의 아티스트들이 샤토 무통 로칠드의 레이블 작업에 합류했지만 금전적인 보상은 없다고 합니다. 보답으로 돈을 지불하는 것이 아니고 아티스트들이 그 해 작업한 와인과 그가 원하는 다른 작가의 와인을 선물하는 것으로 알려져 있지요. 샤토 무통 로칠드 와인의 가치를 가늠할 수 있는 대목이지요? 이우환 작가와 협업한 레이블이 부착된 2013년 빈티지 역시 지난 40년 이래 가장 적은 생산량을 기록한 만큼 진한 아로마와 긴 여운을 남기는 우수한 품질의 와인이므로 눈여겨봐도 좋을 듯합니다.

샤토 무통 로칠드의 다양한 레이블

69

존경하는 처칠경에게,
폴 로저

폴 로저 퀴베 서 윈스턴 처칠
Pol Roger Cuvée Sir Winston Churchill

- **생산자**   폴 로저
- **종류**   스파클링 와인(샴페인)
- **품종**   피노 누아, 샤르도네
- **생산지역**   프랑스 샹파뉴

테이스팅 노트

깊은 골드색에 섬세한 버블의 여운과 상큼한 산도의 조화로 단단한 바디감이 돋보입니다. 레몬, 라임 등의 시트러스와 아몬드, 마른 과일의 아로마와 꿀의 달콤함이 살짝 엿보이는 우아하고 화려한 풍미가 매력적이지요.

음식 매칭

식전주로 좋으며 기름진 음식, 굴이나 회 같은 해산물과 잘 어울립니다.

존경 받는 영국의 정치가이자 화가, 노벨문학상 수상자이기도 한 윈스턴 처칠과 깊은 인연을 맺은 와인이 있습니다. 대영제국의 최전성기를 살고 제2차 세계대전을 승리로 이끌며 90세를 일기로 세상을 떠날 때까지 처칠의 곁을 함께 지킨 것은 두 가지, 바로 시가와 폴 로저 샴페인이었지요.

폴 로저 샴페인 하우스는 1849년에 설립되었으며 2004년부터 영국 여왕 엘리자베스 2세의 공식 샴페인 공급처로 지정되었습니다. 폴 로저의 샴페인에는 모두 '왕실 인증서(Royal Warrant)' 마크가 붙어있어 이를 보증하지요. 지난 2011년에 열린 윌리엄 왕자와 케이트 미들턴의 웨딩 축하 샴페인으로 선정되면서 다시 한 번 세계 언론의 주목을 받기도 했습니다.

윈스턴 처칠이 죽는 순간까지 사랑했던 샴페인

윈스턴 처칠은 1908년 우연한 기회에 폴 로저 샴페인을 마신 후 폴 로저의 신봉자가 되었습니다. 전쟁터에서도 꼭 휴대하며 매일 마실 정도로 무척 아꼈다고 합니다. 그는 '승리의 순간에 샴페인은 당연하다. 그건 패배의 순간에도 마찬가지이다'라는 말을 남기기도 했죠. 특히 1944년 연합군이 파리를 수복한 후 파리 주재 영국 대사 부부가 주최한 한 파티에서 폴 로저의 며느리인 오데트 폴 로저(Odette Pol Roger) 여사를 만나면서 더욱 돈독한 인연을 맺게 됩니다. 금발의 미녀인 오데트 폴 로저는 프랑스 파리의 명문가 출신으로 제2차 세계대전 때 독일에 맞서 레지스탕스로도 활약한 것으로 알려져 있습니다.

처칠은 오데트 폴 로저와 지속적으로 돈독한 관계를 유지했으며 자신의 경주마 이름을 '폴 로저'라고 지을 정도로 폴 로저 샴페인에 대한 사랑이 대단

했지요. 폴 로저 측 또한 윈스턴 처칠에게 남다른 애정을 갖고 있었습니다. 매년 11월 30일, 처칠의 생일에는 그가 가장 좋아하던 1928년산 폴 로저 브뤼를 한 상자씩 보냈는데, 건강이 악화된 후에도 원래는 생산되지 않던 500ml 용량의 작은 사이즈의 병을 제작하여 그만을 위한 샴페인을 공급하였다고 합니다. 윈스턴 처칠이 1965년에 90세의 나이로 세상을 떠나자 샴페인 병목에 검은 리본을 달아 그의 죽음을 애도하기도 했지요.

또한 처칠의 서거 10주년인 1975년에는 그에 대한 존경을 표하며 폴 로저가 생산하는 최고의 샴페인에 폴 로저 퀴베 서 윈스턴 처칠(Pol Roger, Cuvée Sir Winston Churchill)이라는 이름을 붙여 출시했습니다. 폴 로저 퀴베 서 윈스턴 처칠은 생전의 윈스턴 처칠처럼 단단하면서 중후한 성숙미가 물씬 풍기는 샴페인입니다. 폴 로저의 플래그십 아이콘으로 자리 잡은 이 샴페인은 실제로 처칠 생전의 모습을 그대로 와인의 맛으로 묘사했다고 합니다. 여러 해에 수확한 포도를 섞는 논 빈티지 샴페인과 달리 작황이 좋은 해에만 생산되는 빈티지 샴페인이지요. 정확한 포도 품종의 블렌딩 비율과 양조법은 비밀리에 부치는 것으로 알려져 더욱 호기심을 자극합니다.

70

나파 밸리로 간 로마네 콩티, 하이드 드 빌렌느

하이드 드 빌렌느 벨르 쿠진느
Hyde de Villaine Belle Cousine

- **생산자**   하이드 드 빌렌느 와인
- **종류**   레드와인
- **품종**   메를로 52%, 카베르네 소비뇽 48%
- **생산지역**   미국 나파 밸리 로스 카네로스
- **양조**   프랑스산 오크통에서 20개월 숙성

테이스팅 노트

검붉은 색에 블루베리, 라벤더, 미네랄의 여운이 느껴집니다. 실키한 타닌과 함께 볼륨감이 풍부하면서도 벨벳처럼 밀도 높고 부드러운 질감이 인상적입니다.

음식 매칭

소스의 풍미가 진하게 느껴지는 갈비찜, 불고기 등 육류를 이용한 구이와 잘 어울립니다.

프랑스 부르고뉴를 대표하며 전세계에서 가장 비싼 와인이라 불리는 로마네 콩티의 소유주인 오베르 드 빌렌느(Aubert de Villaine)와 나파 밸리 부티크 와인 생산자인 하이드 빈야드(Hyde Vineyard) 오너의 사촌 파멜라(Pamela de Villaine)의 결혼은 와인 업계에서 할리우드 스타 못지않은 세기의 결혼이라할 수 있습니다. 이 세기의 결혼으로 부티크 와이너리인 하이드 드 빌렌느(HdV)가 탄생했죠.

와인 명가의 결합으로 탄생한 벨르 쿠진느

오베르 드 빌렌느는 로마네 콩티의 오랜 장인 정신과 양조 철학을 바탕으로, 나파 밸리에서 새로운 도전을 하고자, 아내 파멜라의 사촌 래리 하이드와 함께 하이드 드 빌렌느(Hyde de Villaine wines, HdV)라는 와이너리를 설립했습니다. HdV는 빌렌느 가문과 하이드 가문의 이니셜을 따서 만들어진 이름입니다. 부르고뉴 마콩 지역에 위치한 첫 번째 프라이빗 와이너리에 이어 콩티의 두 번째 프라이빗 와이너리가 최초로 프랑스를 벗어나 타국에서 새롭게 탄생한 것이지요.

앞서 얘기했듯이 도멘 드 라 로마네 콩티(Domaine de la Romanée Conti)는 매년 세계 최고가를 갱신하며 '선택된 사람들의 와인'이라 불리는 로마네 콩티를 생산하는 와인 명가입니다. 로마네 콩티는 철저한 포도밭 관리와 포도 선별 작업을 통해 매년 5천4백여병 내외밖에 생산되지 않아 와인 애호가들의 애를 바짝바짝 태우는 와인이지요. 한편 하이드 가문은 키슬러(Kistler), 펫앤홀(Patz&Hall) 등 이름 높은 컬트 와이너리들에 포도를 제공할 정도로 훌륭한 포도밭을 가진 곳입니다. 그래서 두 가문의 결합은 '부르고뉴 명가와 미국 나파 밸리 명가의 역사적 결합'이라 불리기도 한답니다.

한정수량만 생산하는 부티크 와이너리

HdV 와이너리는 2000년에 첫 빈티지를 선보이게 되는데, 그 와인을 하이드의 사촌이자 오베르의 부인인 파멜라를 의미하는 '벨르 쿠진느(Belle Cousine)라 명명하였습니다. 미국 나파 밸리에서 오베르가 하이드와 함께 와이너리를 만들 수 있도록 큰 역할을 한 사람이 바로 파멜라였기 때문이지요. 벨르 쿠진느는 2007년 빈티지의 경우 단 605케이스만 생산되었습니다. 양조 방식 또한 포도를 수확한 후 약간 건조하는 방식을 취하고 있어 농익은 향과 밀도 높은 질감을 제공하지요.

HdV는 보르도 스타일의 벨르 쿠진느 이외에도 샤르도네와 시라 등을 사용한 와인들도 선보이는데요. 특히 시라 100%로 만들어지는 칼리포니오(Californio)는 오베르 드 빌렌느 생애 최초의 시라 와인이라는 이유만으로도 큰 이슈가 되었죠. 이 역시 2007년 빈티지의 경우 517케이스만 한정 생산되었으며 짙은 농도와 색, 농익은 과일향이 유혹적인 와인입니다. 샤도네이는 나파 밸리 최고의 샤도네이 생산자인 래리 하이드와 오베르 드 빌렌느의 양조 노하우가 집약되어, 최고의 화이트와인 중 하나로 손꼽힌답니다. 2015년에는 로마네 콩티의 양조 철학과 하이드 포도밭 연구의 결실로 완성된 새로운 피노 누아 클론을 이용한 이그나시아 피노 누아(Ygnacia Pinot Noir)까지 출시해 와인 애호가들의 시선이 집중되고 있지요.

71

사랑하는 아내를 위해,
안나 드 코도르뉴

코도르뉴 안나 드 코도르뉴
Codorniu Anna de Codorniu

- **생산자** 코도르뉴
- **종류** 스파클링 와인(카바 – 스페인에서 스파클링 와인을 칭하는 말)
- **품종** 샤르도네 70%, 자렐로 & 마카베오 15%, 파렐라다 15%
- **생산지역** 스페인 페네데스
- **양조** 15개월간의 병입 숙성을 거침

테이스팅 노트

볏짚 색을 띠며 열대 과일, 시트러스 등의 상큼한 향과 부드러운 기포가 조화를 이뤄 기품 있고 우아한 맛을 냅니다.

음식 매칭

연회나 파티에 잘 어울립니다. 샌드위치나 타파스 등의 가벼운 요리부터 해산물, 기름진 중국 음식 등 다양한 매칭이 가능합니다.

스페인의 스파클링 와인을 칭하는 '카바(Cava)'를 논할 때 빼놓을 수 없는 와이너리가 바로 스페인 페네데스 지역에 위치한 코도르뉴입니다. 1551년 코도르뉴 가문에 의해 설립된 역사 깊은 와이너리이지요. 1872년 스페인에서 최초로 프랑스 샴페인 방식의 스파클링 와인을 만들기 시작한 곳으로, 스페인뿐 아니라 전세계에서 그 품질을 인정받고 있습니다. 특히 이곳을 대표하는 카바 중 하나인 안나 드 코도르뉴는 로맨틱한 사랑 이야기를 담고 있지요.

아내에게 바치는 최고의 와인

안나 드 코도르뉴는 코도르뉴 가문의 마지막 상속녀인 '안나 코도르뉴'의 이름을 그대로 차용했습니다. 1984년에 만들어진 이 와인은 샤르도네를 중심으로 최초로 자렐로, 마카베오, 파렐라다 등 스페인의 토착품종을 블렌딩해 만든 카바입니다. 안나 코도르뉴의 남편인 미케엘 라벤토스(Miquel Raventós)가 그녀가 일생을 와인산업에 헌신한 것을 기념하고 그녀에 대한 사랑을 표하고자 코도르뉴에서 생산되는 최고 와인에 그녀의 이름을 붙인 것이지요. 레이블에는 그녀의 옆모습이 새겨졌으며 웨딩드레스를 연상시키는 순백의 보틀로 디자인되어 프러포즈나 결혼식 등에도 매우 잘 어울린답니다. 또한 이 와인은 안나와 같이 기존 사회의 편견을 깨고 새로운 여성상을 정립하는 데 기여한 여성들에게 바치는 헌정 와인이기도 합니다. 안나 코도르뉴는 프랑스 화이트와인을 대표하는 품종인 샤르도네를 베이스로 해서 우아하고 부드러우면서도 토착 품종을 블렌딩해 과일향이 풍부하고 신선한 맛을 내는 것이 특징인데요. 실제로 안나 드 코도르뉴는 스페인 사람들이 가장 사랑하는 코도르뉴 와인이어서 축하의 자리에 빠지지 않고 등장하기로 유명하죠.

지하 4개층, 30km의 길이! 세계에서 가장 큰 지하 와인 저장고

코도르뉴 와이너리는 와인뿐 아니라 관광지로도 명성을 날리고 있는 곳입니다. 스페인 바로셀로나에서 차로 30분 정도 거리에 있는 페네데스 지역에 위치하며 세계에서 가장 큰 지하 저장고를 갖춘 초대형 와이너리입니다. 지하 4층으로 구성되어 길이가 무려 30km나 되며, 100만병 이상의 와인을 저장할 수 있는 최대 규모의 지하 저장고를 갖추었습니다. 지하 저장고는 코끼리 열차를 연상케 하는 작은 열차를 타고 다녀야 할 만큼 규모가 어마어마하지요. 이 와이너리는 가우디와 함께 바르셀로나를 대표하는 건축가 중 하나인 호세 푸이그 이 카다팔치(Josep Puig I Cadafalch)가 설계한 건물이라는 점과 세계에서 가장 큰 지하 와인 저장고라는 명성에 힘입어 1976년 스페인 국가 문화유산으로 지정되었습니다. 한 해에 10만명 이상 방문하는 관광 명소라니 스페인에 가는 와인 애호가라면 꼭 한번 방문해봐야 할 곳이겠지요?

72

세계 최초의 점자 레이블,
엠 샤푸티에

엠 샤푸티에 에르미타주 모니에 드 라 시제란
M. Chapoutier Hermitage Monier de La Sizeranne

- **생산자**　엠 샤푸티에
- **종류**　레드와인
- **품종**　시라 100%
- **생산지역**　프랑스 에르미타주
- **양조**　오크통에서 14개월간 숙성

테이스팅 노트

짙은 붉은빛을 띠며 구운 커피와 베리류의 과일향, 후추처럼 스파이시한 향이 어우러진 복합적인 향기가 납니다. 섬세하면서도 힘이 느껴지지요.

음식 매칭

다양한 육류 요리, 특히 약간 매콤한 한식 육류 및 볶음 요리 등과도 잘 어울립니다.

프랑스 론 지방의 가장 큰 와이너리이자 유기농법 포도 재배로 유명한 샤
푸티에가 세계에서 가장 존경 받는 와이너리로 우뚝 선 데에는 와인의 맛이
뛰어난 것은 물론이고, 자연과 인간에 대한 애정이 담긴 와인을 생산하기 때
문일 것입니다.

　　샤푸티에는 1808년에 설립되어 7대째 가족 경영을 이어온 와이너리입니
다. 지금의 명성은 1990년 가업을 이어받은 미셸 샤푸티에(Michel
Chapoutier)가 이룬 것이지요. 프랑스 론 지역은 물론 알자스(Alsace), 루씨옹
(Roussillon) 지역과 함께 호주, 포르투갈에까지 영역을 넓혀서 360헥타르 포
도밭에서 7백만병 이상의 와인을 만들어내는 거대 네고시앙이자 와이너리입
니다. 미셸 샤푸티에가 토양 사냥꾼이라 불리는 것도 무리는 아니지요. 1991
년부터 유기농법을 도입해 와인을 생산하고 있으며 이들 와인에는 프랑스 정
부 승인 유기농 마크(Ecocert)와 한 단계 더 높은 생명역학 농법(Biodyvin) 마
크가 표기되어 유기농 와인임을 증명하고 있습니다.

모두를 위한 와인의 시작, 점자 레이블

　　특히 샤푸티에는 1996년부터 세계 최초로 와인에 점자 표기를 시작한 것
으로 유명합니다. 한때 에르미타주에 있는 포도밭의 주인이기도 했던 시제란
(Sizeranne) 가문의 손자가 눈을 다쳐 실명하게 되었는데 그가 후에 시각장애
인협회를 창립하고 복잡한 점자 체계를 단순화한 모리스 모니에 드 라 시제란
(Maurice Monier de La Sizeranne)입니다. 이를 기리기 위한 헌정 와인으로 레
이블에 그의 이름을 넣고 점자 레이블을 제작한 것을 시작으로 현재는 생산하
는 모든 와인에 점자 레이블을 부착하고 있습니다. 프랑스 시각장애인협회의

도움을 받아 와인 이름과 빈티지, 원산지 등을 점자로 표시해 앞을 못 보는 이들도 손쉽게 와인을 구입하고 마실 수 있도록 한 것이지요. 이 외에도 샤푸티에는 '와인과 건강'이라는 재단을 만들어 매년 '사랑의 포도수확'이라는 행사를 진행하고 있습

모니에 드 라 시제란 레이블

니다. 전세계 자원봉사자들의 참여를 유도해 백혈병 환자들에게 골수를 기증하기 위한 기금을 모으는 것이지요.

　와인의 맛은 어떠냐고요? 미셸 샤푸티에는 천재적인 와인 메이커로 불리며 짧은 시간 안에 세계 와인 평론가들을 놀라게 한 인물입니다. 샤푸티에에서 생산된 와인 중 20개 이상이 와인 평론가 로버트 파커에게 100점 만점을 획득했으며 〈와인 앤 스피릿〉에서 선정하는 '세계 최고의 와이너리'에 수차례 이름을 올리기도 했지요.

73

교황의 와인,
친퀘테레

칸티나 친퀘테레
Cantina Cinque Terre

- **생산자**　　칸티나 친퀘테레
- **종류**　　　화이트와인
- **품종**　　　보스코 60%, 알바로라 25%, 베르멘티노 15%
- **생산지역**　이탈리아 리구리아, 친퀘테레
- **양조**　　　스테인리스 통에서 발효와 숙성

테이스팅 노트

옅은 황금빛 노란색에 야생화와 꿀, 자몽, 시트러스 계열의 아로마가 느껴집니다. 풍부한 미네랄과 산뜻한 산도의 조화로 섬세하면서 상쾌한 여운이 감돌지요.

음식 매칭

차가운 육류 요리, 회를 비롯한 해산물 요리와 완벽한 조화를 이룹니다.

"가장 높은 언덕에서 난 와인은 교황을 위하여, 중간 사면에서 생산된 와인은 추기경을 위하여, 가장 낮은 지대에서 만든 와인은 주교들을 위하여 보관한다."

바닷가 낭떠러지 절벽 포도밭에서 교황을 위한 포도가 만들어진다

중세 부르고뉴 수도사들이 남긴 이 말은 포도밭의 위치가 포도의 품질에 얼마나 큰 영향을 미치는지 알려준 단적인 예라 할 수 있지요. 그만큼 높은 곳에서 자란 포도는 풍부한 일조량으로 인해 교황에게 바칠 만큼 훌륭한 품질의 와인으로 만들어지기 때문입니다. 그렇다면 교황들의 취임식에는 어떤 와인이 사용될까요? 현 교황인 프란치스코와 전 교황인 베네딕트의 취임식 때 사용된 와인은 바로 이탈리아 바닷가 낭떠러지의 계단식 포도밭에서 만들어지는 친퀘테레 와인입니다.

바다와 맞닿은 절벽에서 재배되는 포도

이탈리아 리구리아의 좁은 해안 지역, 깎아 내린 듯 아찔하게 가파른 절벽과 돌밭으로 이루어진 산에서 재배한 포도로 만든 와인 '친퀘테레'는 '다섯 개(Cinque)의 땅(Terre)'이라는 뜻을 갖고 있습니다. 이탈리아 서쪽의 다섯 해안 마을 몬테로소 알 마레(Monterosso al Mare), 베르나차(Vernazza), 코니글리아(Corniglia), 마나롤라(Manarola), 리오마지오레(Riomaggiore)를 뜻하기도 하는 이곳은 깎아지른 듯한 절벽에 옹기종기 모여 마을을 형성해 유네스코 세계문화유산으로 지정될 정도로 아름다운 풍광을 자랑하지요.

바다와 햇살, 절벽이 만든 와인

친퀘테레의 대표적인 특산물이라 할 수 있는 친퀘테레 와인은 그 명성에 비해 맛보기가 쉽지는 않습니다. 바다와 접한 낭떠러지 절벽의 좁디좁은 가파른 계단에 형성된 포도밭의 경사면 때문에 사람이 일일이 직접 포도를 가꾸고 수확해야 하며 면적도 넓지 않아 생산량이 매우 한정적이지요. 하지만 모두 남향이어서 북쪽의 찬바람을 적게 받고 일조량이 풍부해 훌륭한 품질의 와인이 만들어집니다. 좁은 면적과 어려운 환경으로 인해 한해 전체 생산량은 20만병에 불과한데 이마저도 친퀘테레 지역 주민들과 관광객들에 의해 거의 모든 양이 소진된다고 하니 매우 희귀한 와인이라 할 수 있습니다. 청빈하면서도 가장 영향력 있는 리더로서의 역할을 수행하고 있는 프란치스코 교황과 잘 어울리는 와인이지요? 실제로 친퀘테레 와인은 소박한 식단과 더불어 와인을 즐기는 프란치스코 교황이 사랑하는 와인으로도 유명합니다.

친퀘테레 와인의 생산자인 칸티나 친퀘테레(Cantina Cinque Terre)는 300여 명의 지역 농부들이 만들어낸 지역 와인 협동조합입니다. 친퀘테레 와인

산지는 D.O.C 등급으로 지정되어 드라이한 화이트와인과 달콤한 디저트 와인인 샤케트라(Sciacchetra)의 두 종류 와인을 주로 생산하는데요. 친퀘테레 와인은 태양을 듬뿍 받고 자라난 포도로 만들어져 아주 감미로운 맛을 냅니다. 또한 바닷바람을 머금어 해산물과 함께 환상의 마리아주를 보이고요. 특히 샤케트라는 선별 수확한 후 오랜 시간 자연 바람을 통해 말려 생산하는 최고급 디저트 와인으로 알려져 있습니다. 해마다 포도 수확이 끝난 9월 마지막 토요일에 와인축제가 열린다니 친퀘테레를 방문한다면 이 시기를 노려보는 것도 좋을 듯하네요.

74

마릴린 먼로의 아침을 깨운,
파이퍼 하이직

파이퍼 하이직 레어
Piper Heidsieck Rare

- **생산자** 파이퍼 하이직
- **종류** 스파클링 와인(샴페인)
- **품종** 샤르도네 70%, 피노 누아 30%
- **생산지역** 프랑스 상파뉴
- **양조** 전통적인 2차 병입 발효 및 숙성

테이스팅 노트

투명하고 밝은 골드빛에 풋사과, 서양배, 파인애플 등 풍부한 과일향과 헤이즐넛, 아몬드의 고소한 맛, 은은하고 스파이시한 풍미가 어우러지며 우아한 기포가 매력적입니다.

음식 매칭

식전주로 좋으며, 신선한 해산물, 기름진 음식과도 잘 어울립니다.

'나는 샤넬 넘버 5를 입고 잠들고 파이퍼 하이직 한잔으로 아침을 시작해요.' 1979년 5월, 한 인터뷰에서 마릴린 먼로가 남긴 말이지요. 산소를 마시듯 샴페인을 즐겼다는 마릴린 먼로가 선택한 최고의 샴페인은 바로 파이퍼 하이직이었습니다. 그녀는 욕조에 샴페인을 부어 호사스러운 목욕을 즐겼을 정도로 파이퍼 하이직에 남다른 애정을 가졌다고 합니다.

파이퍼 하이직은 1785년 플로렌스 루이 하이직(Florens Louis Heidsieck)에 의해 하이직(Heidsieck & Co)이란 이름의 샴페인 하우스로 설립되었습니다. 당시 그가 생산한 샴페인은 프랑스 왕비였던 마리 앙투아네트의 선택을 받아 유럽 14개 왕실의 공식 샴페인으로 지정되기도 했지요. 하이직이 사망한 후 1837년 앙리 귀욤 파이퍼(Henri-Guillaume Piper)가 회사를 물려받으며 파이퍼 하이직(Piper Heidsieck)으로 개명했고, 이후 지금까지 럭셔리 샴페인 하우스의 명성을 이어오고 있습니다.

와인의 품격을 더하는 보틀 디자인

파이퍼 하이직은 샴페인의 맛만큼이나 화려한 보틀 디자인으로도 유명합니다. 세계적인 주얼리 및 패션 디자이너와의 다양한 콜라보레이션으로 와인 산업에 새로운 트렌드를 창조했는데요. 설립 100주년 기념 빈티지인 파이퍼 하이직 레어 1885를 위해 당시 러시아 황제의 주얼리를 담당하던 칼 파베르제(Carl Faberge)가 다이아몬드와 금, 청금석으로 장식된 병을 제작했습니다. 설립 200주년을 기념하는 1985년 빈티지를 위해서는 유명 주얼리 하우스인 반 클리프 & 아펠(Van Cleef & Arpels)과 함께 금과 다이아몬드로 장식된 병을 제작해 또 한 번 화제가 되었지요. 당시 무려 100만프랑의 가치가 매겨지기도 했습니다. 또한 2002년 빈티지에는 프랑스 유명 주얼리 하우스인 아르튀스 베르트랑(Arthus Bertrand)이 디자인한 골드 티아라가 장식되었습니다.

주얼리 하우스뿐 아니라 패션 디자이너들과의 협업도 눈길을 끕니다. 패션 디자이너 장-폴 고티에(Jean-Paul Gaultier)가 마돈나의 '코르셋 디자인'을 차용한 병 커버를 제작하는 등 여러 차례 패키지 디자인에 참여해 화제가 되었죠. 또 세계적인 구두 디자이너 크리스찬 루부탱(Christian Louboutin)과의 콜라보레이션으로 하이힐 샴페인 잔을 탄생시키기도 했고요.

파이퍼 하이직의 샴페인은 디자인뿐 아니라 품질의 우수성으로도 널리 알려져 있답니다. 각종 와인 시상식에서 골드 메달을 획득하는 것은 물론 전문가들에게도 높은 평가를 받고 있지요.

이외에도 파이퍼 하이직은 1993년부터 칸 국제영화제의 공식 샴페인으로 지정되는 등 각종 영화제 및 영화인을 후원하며 문화 활동에도 적극적으로 지원사격을 펼치고 있습니다. 탁월한 맛과 패션 센스는 물론 문화예술에 대한 안목까지 갖춘 다재다능한 샴페인이라 할 수 있죠.

75

유머가 있는 와인,
페어뷰

페어뷰 고트 두 롬 레드
Fairview Goats do Roam Red

- **생산자**　페어뷰
- **종류**　레드와인
- **품종**　시라 58%, 무르베드르 12%, 그르나슈 12%, 쁘띠 사라 8%, 쌩쏘 7%, 까리냥 3%
- **생산지역**　남아공 팔
- **양조**　오래된 오크에서 10개월간 숙성

테이스팅 노트

밝은 루비빛에 짙고 풍부한 과실의 아로마와 스파이시한 향신료의 여운이 돋보입니다. 구수한 토스트와 부드러운 타닌이 긴 여운을 남기지요.

음식 매칭

향신료가 가미된 부드러운 양고기 구이, 브라운 소스로 양념된 육류 요리에 적합합니다.

1693년에 설립된 후 남아공 와인산업의 성공을 이끌며 미국 내에서 남아공 와인 브랜드 판매 1위를 달리는 페어뷰 와인과 처음 대면하는 사람이라면 누구나 이내 피식 웃음부터 짓게 될 것입니다. 바로 페어뷰 와인의 재치 넘치는 패러디 레이블 때문이지요.

패러디 와인으로 유명세를 얻은 페어뷰 와이너리의 현 오너이자 창의적인 와인 메이커인 찰스 백(Charles Back)은 남아공 와인산업에서 가장 영향력 있는 인물로 손꼽히며 남아공의 팔(Paarl) 지역을 와인산업의 중심지로 만든 핵심 인물이기도 합니다. 와인 이외에도 염소 우유로 만든 치즈, 요거트 등의 유가공품으로 남아공 내 낙농업 분야에도 상당한 영향력을 발휘하고 있지요.

그는 특히 지속적인 사회 공헌 활동과 자선 활동으로 사람들의 존경을 받고 있습니다. 지역의 노동자들에게 일자리와 거주지를 마련해주는 것은 물론 농업학교를 포함한 교육센터 설립과 다양한 지원을 통해 그들의 자립을 돕고 있지요. 또한 아프리카의 청소년 교육에도 앞장서고 있으며 에이즈로 고통받는 나미비아 어린이들에게 축구용품이나 컴퓨터, 염소나 염소 우유 등을 꾸준히 공급하고 있습니다.

패러디한 와인 이름과 염소 레이블의 앙상블

페어뷰 와이너리를 대표하는 것은 와이너리에 자리한 '염소 탑(Goat Tower)'입니다. 염소는 가정과 사람을 중시하는 페어뷰의 철학이 담긴 상징물로서 페어뷰 레이블에도 언제나 등장합니다. 특히 그들이 만든 '고트 두 롬(Goats Do Roam)' 와인 시리즈는 프랑스 론 지역의 포도 품종을 베이스로 만든 와인들로 프랑스 론 지역의 마을과 와인 이름을 패러디한 염소 레이블로 유명합니다. '고트 두 롬 레드(Goats Do Roam Red)'는 '염소가 이리저리 배회하다'라는 뜻이지만 프랑스의 와인 '코트 뒤 론(Côtes du Rhône)'을 패러디해 작명한 것이며, 또 다른 와인인 '고트 로티(Goat Roti)' 역시 코트 로티(Côtes Rôtie)를 패러디한 것으로 '훈제육'을 뜻하는 '로티'라는 이름이 붙여졌습니다.

여기에도 재미있는 이야기가 숨겨져 있습니다. 어린 염소들이 만든 와인인 고트 두 롬의 인기가 높자 이에 대항하기 위해 '염소 원로회'가 만든 와인이 바로 고트 로티이며 그 이름은 고트 두 롬에 맞설 좋은 와인을 못 찾아오면 훈제육이 될 줄 알라고 호통을 친 것에서 유래했다는 것입니다.

단지 레이블에 풍자적인 요소를 더한 패러디 와인으로 끝났다면 페어뷰 와인이 이렇게 유명해지진 않았겠죠? 특히 페어뷰의 고트 두 롬은 저렴한 가격으로 남아공 와인의 진수를 느끼게 해주는 와인으로 평가 받습니다. 페어뷰 와이너리를 상징하는 염소 탑은 남아공 최고의 와인 관광 명소로도 유명하고요. 페어뷰 와인은 남아공 와인으로는 처음으로 와인 잡지 〈와인 스펙테이터〉에서 선정한 2004, 2005년 '100대 와인'에 2년 연속 선정되기도 했습니다.

007 시리즈의 조연,
볼랭저

볼랭저 스페셜 퀴베 브뤼
Bollinger Special Cuvée Brut

- **생산자**　볼랭저
- **종류**　스파클링 와인(샴페인)
- **품종**　피노 누아 60%, 샤르도네 25%, 피노 뫼니에 15%
- **생산지역**　프랑스 샹파뉴
- **양조**　2차 병입 발효, 24개월 이상 숙성

테이스팅 노트

구운 빵, 풋사과, 생강 쿠키, 아몬드, 스모크의 아로마가 풍부하게 느껴집니다. 풍부한
아로마와 신선한 산도, 끊임없이 올라오는 기포가 겹겹이 조화롭게 펼쳐지지요.

음식 매칭

식전주로 좋으며 과일이나 카나페, 해산물과 잘 어울립니다.

영화 007 시리즈는 1962년의 〈007 살인번호〉를 시작으로 2015년의 〈007 스펙터〉까지 53년간 무려 24편을 선보인 최장수 시리즈이지요. 이 영화에서 제임스 본드와 함께 무려 14편의 007 시리즈에 출연하며 열연한 샴페인이 있습니다. 바로 〈007 죽느냐 사느냐〉(1973)에 처음 등장해 '제임스 본드의 샴페인'이라는 별칭까지 얻게 된 볼랭저가 그 주인공입니다.

1829년에 설립된 볼랭저는 프랑스의 가장 오래된 샴페인 하우스 중 하나로, 설립 이후 지금까지 가족 경영 체제를 유지하고 있는 곳이어서 더욱 특별합니다. 19세기 말 영국의 빅토리아 시대 때부터 영국 왕실의 공식 와인으로 선정되어 샴페인 하우스로는 최초로 왕실 인증서를 부여 받은 곳입니다. 오늘날까지도 영국 상류층의 까탈스러운 입맛을 단단히 사로잡고 있는 샴페인이라 할 수 있지요. 찰스 황태자와 다이애나 황태자비의 결혼식 축하주로도 사용되었고요. 또한 볼랭저는 샴페인 하우스 중 최초로 프랑스 정부가 인정하는 '현존하는 문화유산(Entreprise du Patrimoine Vivant, EPV)'에 등재되기도 했습니다. EPV는 프랑스 기업 중 뛰어난 기술력과 전통, 장인 정신을 바탕으로 특정 지역을 대표하는 기업을 선정해 주는 상이지요.

제임스 본드가 사랑한 와인

볼랭저는 1973년 〈007 죽느냐 사느냐〉에서 제임스 본드가 묵고 있는 호텔 방에 룸서비스를 가장한 악당이 '샴페인 왔습니다'라는 대사와 함께 들어오면서 처음 등장합니다. 2002년의 〈007 어나더데이〉에서 감옥을 나온 제임스 본드가 가장 먼저 맛 본 것이 바로 볼랭저 샴페인이었지요. 이후에도 〈007 카지노 로얄〉(2006), 〈007 스카이 폴〉(2012), 〈007 스펙터〉(2015)까지 무려

14편의 007 시리즈에 등장하며 제임스 본드와의 끈끈한 인연을 이어오고 있습니다. 007 시리즈가 탄생 50주년을 맞은 2012년에는 비밀번호를 입력해야만 오픈할 수 있는 권총 소음기 모양 케이스에 담긴 '볼랭저 라 그랑 아네 2002'를 선보이기도 했습니다. 2015년에는 24번째 시리즈인 〈007 스펙터〉의 개봉을 기념해 제임스 본드의 블랙&화이트 턱시도에서 착안해 디자인된 '볼랭저 스펙터 리미티드 에디션 2009'를 선보이기도 했고요.

볼랭저는 다른 샴페인 하우스와는 달리 샴페인의 2/3를 직접 생산하는 포도를 사용해 만드는 것으로도 유명합니다. 그랑크뤼와 프리미에 크뤼 포도밭에서 수확한 포도를 주로 사용하지요. 주요 포도 품종은 피노 누아, 샤르도네, 피노 뫼니에인데, 특히 다른 샴페인과 달리 피노 누아를 60% 이상 사용하는 것이 특징입니다. 샴페인이지만 레드와인을 만드는 포도 품종을 사용하는 '블랑 드 누아(Blanc de Noir)' 스타일로 만들어지기 때문에 오크통 발효를 거쳐 아로마가 풍부하고 깊은 맛을 내는 것이지요. 오랜 전통과 철학, 철저한 품질 관리와 남다른 블렌딩으로 만들어진 깊은 맛, 바로 이것이 초인적 능력을 가진 영국 신사이자 첩보원인 제임스 본드를 사로잡은 비결이 아닐까요?

자료 제공 ·금양인터내셔날 · 길진인턴내셔널 · 나라셀러 · 나루글로벌 · 동원와인 · 레벵드메일 · 롯데주류 · 비노쿠스 · 신동와인 · 신세계L&B · 아영FBC · 에노테카 코리아 · Cellar Y · CSR · K&J 와인

T.P.O.에 어울리는
─── 추천 와인 44 ───

모처럼 와인을 사러 가면 와인 코너에 진열된 무수히 많은 와인 중에서 어떤 걸 골라야 할지 난감합니다. 와인 왕초보라면 아무래도 스위트 와인을 선택하지, 드라이 와인에는 선뜻 손이 가지 않습니다. 드라이 와인은 어렵고 무겁고 쓴 와인이라는 오해(!) 때문이지요.

그러나 달지 않아도 가벼우면서 달콤한 과일향이 나는 와인도 많습니다. 드라이와 스위트는 당도 기준에 따라 구분하는 표현일 뿐입니다. 스위트한 와인으로 시작하셨다면, 드라이한 와인도 시도해 보는 건 어떨까요? 드라이하다고 두려워만 하지 말고 먼저 다가가 보세요. 와인과 친해지는 중요한 과정이랍니다.

부록에서 소개하는 와인 리스트는 초보자도 쉽게 즐길 수 있으면서 좀더 다양한 와인의 세계를 접할 수 있는 것들로 골랐습니다. 이를 시작으로 여러분만의 풍요로운 와인의 세계를 열어가 보세요.

부록의 와인 리스트는 가격순으로 정리했으며, 와인 가격은 실제 판매가격과 다를 수 있습니다.

데이트
— 01 —

01 임부코 포뮬라 모스카토
Imbuko Pomula Moscato

dry	semi-dry	medium	**semi-sweet**	sweet

약 스파클링 화이트 | **남아공** | **타닌** 무 | **바디감** 라이트 | **산도** 중 | **알코올** 7% | **가격** 2만원대

친환경 농법으로 와인을 생산하는 임부코에서 만드는 달콤한 약 스파클링 와인입니다. 포도즙이라도 해도 좋을 만큼 새콤달콤한 포도 맛과 낮은 알코올 도수, 살포시 감도는 탄산의 조화로 초보자들도 부담없이 마실 수 있습니다. 달콤한 디저트와 함께 사랑을 고백하거나 연인과 데이트할 때 더할 나위 없이 좋은 와인입니다.

02 펜폴즈 로손 리트리트 쉬라즈 카베르네
Penfolds Rawson's Retreat Shiraz Cabernet

dry	semi-dry	medium	semi-sweet	sweet

레드 | **호주** | **타닌** 중 | **바디감** 미디엄 | **산도** 약 | **알코올** 13.5% | **가격** 2만원대

호주의 국보급 와인을 생산하는 펜폴즈의 제품입니다. 연인들의 사랑에 열정을 더하고 싶다면 호주의 무더운 지역에서 자란 쉬라즈와 카베르네 소비뇽의 절묘한 블렌딩으로 만들어진 와인이 제격이지요. 적당한 타닌과 스파이시하고 진한 풍미가 분위기를 무르익게 해줄 것입니다.

Wine

---

03 스칼리올라 프리모 바치오 모스카토 다스티
Scagliola Primo Bacio Moscato d'Asti

dry	semi-dry	medium	semi-sweet	sweet

약 스파클링 화이트 | **이탈리아** | **타닌** 무 | **바디감** 라이트 | **산도** 중 | **알코올** 5.5% | **가격** 3만원대

이탈리아 북부 피에몬테주의 아스티 지방에서 모스카토 품종으로 만들어지며, 일명 '작업주'라 불리며 연인들의 사랑을 독차지하고 있습니다. 프리모 바치오는 이탈리아어로 '첫키스'라는 뜻이며, 사랑하는 연인과의 첫키스를 연상케 하는 달콤한 과일향과 상쾌한 버블이 특징입니다.

---

04 드 보르톨리 노블 원
De Bortoli Noble One

dry	semi-dry	medium	semi-sweet	sweet

화이트 | **호주** | **타닌** 무 | **바디감** 라이트 | **산도** 중 | **알코올** 10% | **가격** 10만원대

헬스트레이너와 사랑에 빠진 스웨덴 빅토리아 공주의 결혼식 연회에도 사용된 호주산 귀부 와인입니다. 호주 총리였던 케빈 러드가 바티칸 방문시 교황 베네딕토 16세에게 선물했다는 일화로 유명하지요. 금빛 외모를 지닌 와인은 곰팡이가 핀 포도로만 만들어 단맛이 매우 풍부하며, 달콤한 디저트와 환상의 마리아주를 보여줍니다. 차갑게 마셔야 더욱 맛있습니다.

05 카네이 비노 프리잔테 화이트
Canei Vino Frizzante White

dry	semi-dry	medium	**semi-sweet**	sweet

약 스파클링 화이트 | **이탈리아** | **타닌** 무 | **바디감** 라이트 | **산도** 중 | **알코올** 8.5% | **가격** 1만원대

격식에 얽매이지 않고 따스한 날 해변이나 야외에서 상쾌한 바람을 맞으며 친구 또는 가족들과 함께 즐기기에 적합한 와인입니다. 신선하고 가벼운 과일향, 잔잔한 버블과 높지 않은 알코올로 와인에 익숙하지 않은 이들도 부담 없이 마실 수 있습니다. 소다수, 얼음과 섞어 스프리처(Spritzer) 같은 식전 칵테일로 마셔도 맛있습니다.

06 산타 리타 120 메를로
Santa Rita 120 Merlot

dry	semi-dry	medium	semi-sweet	sweet

레드 | **칠레** | **타닌** 중 | **바디감** 미디엄 | **산도** 약 | **알코올** 14% | **가격** 1만원대

스페인과의 독립전쟁 중 칠레의 독립군 120명이 산타 리타 와이너리에 피신한 역사적 사건을 기리기 위해 이름 지어진 와인입니다. 부드러운 타닌과 향긋한 과일향이 인상적인 와인으로 다채로운 육류 요리와 궁합이 잘 맞습니다. 레드와인이지만 강하지 않은 타닌과 적절한 산미로 여러 사람의 입맛을 동시에 사로잡을 수 있습니다.

Wine

07 코노 수르 리제르바 에스페셜 샤르도네
Cono Sur Reserva Especial Chardonnay

| dry | semi-dry | medium | semi-sweet | sweet |

화이트 | **칠레** | **타닌** 무 | **바디감** 미디엄 | **산도** 중 | **알코올** 13% | **가격** 2만원대

칠레에서 해외 수출을 많이 하는 것으로 손꼽히는 코노 수르의 와인입니다. 오크에서 오는 구운 토스트 향과 바나나, 파인애플과 같은 열대 과일의 풍부한 향이 어우러져 야외에서 차갑게 마시기에 좋습니다. 새우, 생선회 등 해산물 요리와 잘 어울리며 화이트와인이지만 우아하면서 다소 묵직한 맛이 있어 각종 채소를 곁들인 바비큐 요리와도 잘 어울리지요.

08 콜롬비아 크레스트 그랜드 에스테이트 카베르네 소비뇽
Columbia Crest Grand Estates Cabernet Sauvignon

| dry | semi-dry | medium | semi-sweet | sweet |

레드 | **미국** | **타닌** 강 | **바디감** 풀바디 | **산도** 약 | **알코올** 13.5% | **가격** 3만원대

미국 워싱턴주의 콜롬비아 밸리에서 생산되며 미국에서 가장 많이 팔리는 와인 중 하나입니다. 대중적인 와인이지만 오크향, 베리류, 다크 초콜릿 등의 화려하면서 단단한 풍미를 자랑해 야외에서 소시지, 육류 등을 숯불에 구워먹는 바비큐파티와 환상의 궁합을 보여줍니다. 가격 대비 품질을 보장받는 와인 중 하나이지요.

09 카르멘 레세르바 카르메네르
Carmen Reserva Carmenere

| dry | semi-dry | medium | semi-sweet | sweet |

레드 | **칠레** | **타닌** 강 | **바디감** 풀바디 | **산도** 약 | **알코올** 14% | **가격** 3만원대

1850년에 설립된 카르멘은 칠레 와인의 선구자라 불리며 오랜 역사와 함께 최고 품질의 와인을 생산하는 곳입니다. 칠레에서만 재배되는 카르메네르 품종으로 만든 와인을 최초로 생산한 곳이기도 하지요. 오크에서 오는 풍부한 맛과 진한 베리향이 특징이며, 야외에서 즐기는 바비큐파티에 제격입니다.

10 바바 로제타
Bava Rosetta

| dry | semi-dry | medium | semi-sweet | sweet |

스파클링 로제 | **이탈리아** | **타닌** 무 | **바디감** 라이트 | **산도** 중 | **알코올** 5.5% | **가격** 4만원대

진한 체리 빛깔에 톡톡 터지는 버블과 풍부한 단맛의 조화로 야외에서도 흥겨운 분위기를 돋워줄 것입니다. 시원하게 보관해야 하므로 아이스팩을 함께 준비해 가면 좋습니다. 샌드위치나 김밥, 회와 같은 해산물 요리와도 잘 어울립니다

11 샤토 클라르크
Chateau Clarke

| dry | semi-dry | medium | semi-sweet | sweet |

레드 | **프랑스** | **타닌** 강 | **바디감** 풀바디 | **산도** 약 | **알코올** 13.5% | **가격** 7만원대

'샤토 라피트 로칠드'를 생산하는 바론 에드몬드 드 로칠드에서 생산하는 와인으로 보르도의 주품종인 카베르네 소비뇽, 메를로, 카베르네 프랑을 블렌딩해 파워풀하면서도 부드러운 여운을 줍니다. 적절한 타닌과 바디감으로 기름진 요리와 잘 어울리죠. 이 와인과 함께 로스차일드 가문에 대한 에피소드를 안주 삼으면 비즈니스 모임이나 와인 애호가들 사이에서 자연스럽게 대화를 이끌어낼 수 있을 것입니다.

12 로버트 몬다비 나파 밸리 카베르네 소비뇽
Robert Mondavi Napa Valley Cabernet Sauvignon

| dry | semi-dry | medium | semi-sweet | sweet |

레드 | **미국** | **타닌** 강 | **바디감** 풀바디 | **산도** 약 | **알코올** 14.5% | **가격** 8만원대

미국 와인산업의 대부이자 〈월스트리트 저널〉에서 '베스트 비즈니스 성공기업 20'에 선정되기도 한 로버트 몬다비의 와인입니다. 작은 포도밭을 억만장자의 포도밭으로 바꿔놓은 로버트 몬다비사의 성공 스토리와 마케팅 방법은 아직도 경영인들에게 화제가 되곤 합니다. 여느 육류 요리는 물론 어떤 분위기에서도 잘 어울립니다.

13 가야 프로미스
Gaja Promis

| dry | semi-dry | medium | semi-sweet | sweet |

레드 | **이탈리아** | **타닌** 중 | **바디감** 풀바디 | **산도** 중 | **알코올** 14.5% | **가격** 8만원대

이탈리아 최고 명성을 가진 가야(Gaja) 와이너리가 북부 피에몬테 지역에서만 와인을 만들다 중부의 토스카나로 진출해 처음으로 만든 와인입니다. 좋은 품질의 와인을 만들겠다는 고객과의 약속을 지키기 위해 와인의 이름을 '프로미스'(Promise, 약속)라 명명하였다지요. 신뢰를 바탕으로 하는 비즈니스 미팅에 잘 어울리는 와인입니다. 풍부한 베리향과 균형 잡힌 바디감으로 부드럽게 마실 수 있습니다.

14 반피 부르넬로 디 몬탈치노
Banfi Brunello di Montalcino

| dry | semi-dry | medium | semi-sweet | sweet |

레드 | **이탈리아** | **타닌** 강 | **바디감** 풀바디 | **산도** 약 | **알코올** 13.9% | **가격** 10만원대

이탈리아 몬탈치노 지역의 반피 와이너리에서 만든 D.O.C.G 등급의 와인입니다. 현재 미국 와인시장에서 가장 많은 인기를 누리고 있는 프리미엄급 와인으로 이탈리아 토착품종인 브루넬로를 100% 사용합니다. 파워풀한 스타일이 풀바디 와인으로 오크 숙성을 통해 장기숙성이 가능하지만 영(young)힐 때 마셔도 맛있습니다.

15 마르셀 라피에르 모르공
Marcel Lapierre Morgon

| dry | semi-dry | medium | semi-sweet | sweet |

레드 | 프랑스 | **타닌** 중 | **바디감** 미디엄 | **산도** 중 | **알코올** 13% | **가격** 10만원대

보졸레 누보를 만드는 품종으로 유명한 가메(Gamay)에 대한 고정관념을 깨준 보졸레를 대표하는 최고의 레드와인입니다. 자연주의 농법으로 유명한 마르셀 라피에르가 만든 와인으로 장기숙성이 가능합니다. 후각과 미각을 자극하는 기분 좋은 과실 풍미와 적절한 바디감으로 모임의 분위기를 편안하고 긍정적으로 이끌어가게 도와줄 것입니다.

16 디스텔 오비콰 내추럴 스위트 레드
Distell Obikwa Natural Sweet Red

| dry | semi-dry | medium | semi-sweet | sweet |

레드 | **남아공** | **타닌** 약 | **바디감** 라이트 | **산도** 약 | **알코올** 7.5% | **가격** 1만원대

'오비콰'라는 이름은 남아프리카 케이프 지역 내 원주민 부족의 이름에서 유래되었습니다. 레이블에는 타조가 그려져 있는데, 아프리카에서 예부터 물을 보관하는 용기로 타조의 알을 사용한 것에서 영감을 얻어 자연 속 포도 과즙인 와인을 담고 있다는 것을 상징합니다. 타닌과 알코올 도수가 낮고 단맛이 풍부해 초보자들에게 적합한 레드와인입니다.

17 루시아 화이트 스위트
Luxia White Sweet

| dry | semi-dry | medium | semi-sweet | sweet |

약 스파클링 화이트 | **독일** | **타닌** 무 | **바디감** 라이트 | **산도** 중 | **알코올** 8.5% | **가격** 1만원대

루시아(Luxia)는 영어로 럭셔리(Luxury)와 밝기를 뜻하는 럭스(Lux)의 합성어입니다. 와인병에 대한 고정관념을 깨고 와인을 보고 즐길 수 있는 스타일링 아이템으로 새롭게 인식해 만들어진 감각적인 와인으로 3대 디자인상 중 하나인 '레드닷 디자인 어워드 2000'를 수상한 경력이 있습니다. 진잔한 기포와 새콤달콤한 맛의 디저트 와인으로, 초보자는 물론 여성들에게 인기가 많습니다.

18 레가도 무노즈
Legado Munoz

| dry | semi-dry | medium | semi-sweet | sweet |

레드 | **스페인** | **타닌** 약 | **바디감** 라이트 | **산도** 약 | **알코올** 12.3% | **가격** 1만원대

현대적인 양조시설로 가격 대비 좋은 품질의 와인을 만드는 것으로 유명한 스페인 보데가스 무노즈의 테이블 와인입니다. 갓 짠 포도주스처럼 신선한 과일향과 살포시 감지되는 타닌, 부드러운 질감으로 데일리 와인으로 손색이 없습니다. 일반 레드와인에 비해 다소 낮은 온도에서 마셔야 과일향이 더 잘 살아납니다.

19 옐로우 테일 쉬라즈
Yellow Tail Shiraz

| dry | semi-dry | medium | semi-sweet | sweet |

레드 | **호주** | **타닌** 중 | **바디감** 미디엄 | **산도** 약 | **알코올** 13.5% | **가격** 1만원대

세계 최대 와인시장인 미국에서 수입한 와인 중 판매 1위를 기록한 바 있는 대중적인 와인입니다. 옐로우 테일은 '노란 꼬리'라는 뜻으로 호주의 캥거루과 동물인 왈라비의 애칭에서 따온 이름입니다. 사랑스러운 노란 레이블, 저렴한 가격, 쉬라즈 특유의 스파이시함과 진하면서 부드러운 풍미로 남녀 모두에게 사랑받는 와인입니다.

20 산타 헬레나 시글로 데 오로 카베르네 소비뇽
Santa Helena Siglo de Oro Cabernet Sauvignon

| dry | semi-dry | medium | semi-sweet | sweet |

레드 | **칠레** | **타닌** 중 | **바디감** 미디엄 | **산도** 약 | **알코올** 14% | **가격** 2만원대

칠레의 대형 와이너리 중 하나인 산타 헬레나의 제품입니다. '황금의 시대'라는 의미를 지닌 '시글로 데 오로'는 합리적인 가격대에 고품질을 보증하는 프리미엄 버라이어탈(상표에 포도 품종을 표기하는 와인)급 시리즈여서 품종 고유의 캐릭터를 잘 표현해 줍니다. 오크에서 오는 구수한 풍미와 강하지 않은 타닌의 조화로 드라이한 레드와인을 처음 시도하는 초보자들에게 추천할 만한 와인입니다.

21 몬테스 클래식 소비뇽 블랑
Montes Classic Sauvignon Blanc

| dry | semi-dry | medium | semi-sweet | sweet |

화이트 | **칠레** | **타닌** 무 | **바디감** 라이트 | **산도** 중 | **알코올** 13.5% | **가격** 2만원대

국내에서 칠레 와인의 인기몰이를 해온 몬테스는 FIFA 월드컵 조추첨 행사, APEC 정상회담 등 국제행사에 어김없이 등장하는 훌륭한 와이너리이지요. 자몽, 라임 등의 열대과일의 풍미와 가벼우면서 상쾌한 여운이 매력적인 와인입니다. 초보자들도 부담없이 즐길 수 있어 데일리 와인으로 그만이지요.

22 임부코 커피 피노타쥐
Imbuko Coffee Pinotage

| dry | semi-dry | medium | semi-sweet | sweet |

레드 | **남아공** | **타닌** 중 | **바디감** 미디엄 | **산도** 중 | **알코올** 14.5% | **가격** 3만원대

커피 원두가 그려진 위트 있는 레이블에서도 알 수 있듯이 와인에서 커피의 잔향이 느껴지는 레드와인입니다. 검은 베리류의 상큼한 과실 풍미와 부드러운 타닌 그리고 잔잔한 커피 향이 어우러져 초보자들도 부담없이 즐길 수 있습니다. 밤에 커피와 와인이 동시에 생각난다면 이 와인이 제격이겠지요?

결혼식
— 05 —

23 폰타나프레다 르 프롱드 브라케토 다퀴
Fontanafredda Le Fronde Brachetto d'Acqui

dry	semi-dry	medium	semi-sweet	sweet

스파클링 레드 | **이탈리아** | **타닌** 무 | **바디감** 라이트 | **산도** 강 | **알코올** 6% | **가격** 4만원대

줄리우스 시저가 연인 클레오파트라에게 선물했다고 전해지는, 브라케토 품종만을 이용해 만든 이탈리아 스위트 와인입니다. 달콤하면서 매혹적인 장밋빛깔과 화사한 버블의 조화로 로맨틱한 분위기를 연출하기에 더할 나위 없이 좋은 와인이지요. '장미의 와인'이라는 별칭에 걸맞게 병도 꽃병 모양으로 제작되었다고 합니다. 차갑게 마셔야 신선한 버블과 달콤한 맛을 만끽할 수 있습니다.

24 폴 자불레 애네 샤토네프 뒤 파프 루주 레 세드르
Paul Jaboulet Aine Chateauneuf du Pape Rouge Les Cedres

dry	semi-dry	medium	semi-sweet	sweet

레드 | **프랑스** | **타닌** 강 | **바디감** 풀바디 | **산도** 약 | **알코올** 15% | **가격** 9만원대

교황의 와인으로 널리 알려진 프랑스 론 지역 명가 폴 자불레 애네가 만드는 대표 프리미엄 와인입니다. 성당에서 결혼식을 올릴 때 최고의 와인이 될 것입니다. 그르나슈를 주 품종으로 블렌딩해 조화로운 맛을 이끌어내며, 알코올 함량이 높은 파워풀한 와인입니다. 영할 때 마셔도 좋으나 출시 5년 이후에 마시는 것이 더 좋습니다.

25 볼랭저 로제 샴페인
Bollinger Rose Champagne N/V

dry	semi-dry	medium	semi-sweet	sweet

스파클링 로제 | **프랑스** | **타닌** 무 | **바디감** 라이트 | **산도** 강 | **알코올** 12% | **가격** 10만원대

볼랭저 샴페인은 영국 왕실의 인증서를 받은 와인으로, 영국 찰스 황태자와 다이애나 비의 결혼식은 물론 그의 아들 윌리엄 왕자와 케이트 미들턴의 아들인 조지 알렉산더 루이스 왕자가 태어났을 때도 사용된 바 있습니다. '007 와인'으로도 널리 알려져 있지요. 특히 로제는 매혹적인 장밋빛과 화사한 버블의 조화로 로맨틱한 분위기를 만들어줍니다.

26 휘겔 앤 피스 리슬링 주빌레
Hugel & Fils Riesling Jubilee

dry	semi-dry	medium	semi-sweet	sweet

화이트 | **프랑스** | **타닌** 무 | **바디감** 라이트 | **산도** 중 | **알코올** 10% | **가격** 10만원대

알퐁스 도데의 소설 《마지막 수업》의 배경이자 화이트와인의 명산지인 프랑스 알자스 지방의 화이트와인입니다. 휘겔의 350년 역사를 기념하기 위해 만들어진 와인으로 '기념일'이라는 뜻의 '주빌레'라 명명되었습니다. 그 이름처럼 결혼식이나 결혼기념일에 많이 애용되는 와인으로 더욱 유명하지요. 화사한 꽃향과 시트러스 과일향의 드라이한 맛이 특징이며, 작황이 좋은 해에만 생산됩니다.

27 드 보르톨리 트레비 패션
De Bortoli Trevi Passion

dry | semi-dry | medium | **semi-sweet** | sweet

스파클링 화이트 | **호주** | **타닌** 무 | **바디감** 라이트 | **산도** 중 | **알코올** 10% | **가격** 1만원대

귀부 와인으로 유명한 드 보르톨리에서 만든 저렴한 가격의 스파클링 와인입니다. 밝은 보랏빛의 레이블과 신선하면서 살짝 감도는 단맛, 시원한 버블의 조화로 누구나 즐겁게 마실 수 있습니다. 해산물이나 회, 가벼운 안주류 등 다양한 음식과 무난하게 어울리는 것도 매력이지요. 최대한 차게 해서 마시는 것이 좋으니 냉장고에 보관했다가 마시기 직전에 꺼내 마시면 좋습니다.

28 콘차이 토로 카시예로 델 디아블로 메를로
Concha Y Toro Casillero del Diablo Merlot

dry | semi-dry | medium | semi-sweet | sweet

레드 | **칠레** | **타닌** 중 | **바디감** 미디엄 | **산도** 약 | **알코올** 13.5% | **가격** 2만원대

전세계적으로 인기 있는 칠레 와인 중 하나입니다. 카시예로 델 디아블로는 '악마의 창고'란 뜻입니다. 포도원 일꾼들이 와인을 훔쳐가는 것을 막기 위해 창고에 악마가 출현한다는 소문을 퍼트려 와인을 지켰다는 유래가 깃든 와인이지요. 집안이 액운을 없애고 행운이 깃들기를 기원한다는 의미로 집들이를 위한 선물로 추천합니다. 타닌이 어느 정도 있지만 목넘김이 부드러워 마시기 어렵지 않습니다.

Wine

---

29 아이언스톤 리저브 샤르도네
Ironstone Reserve Chardonnay

`dry` `semi-dry` `medium` `semi-sweet` `sweet`

화이트 | **미국** | **타닌** 무 | **바디감** 미디엄 | **산도** 중 | **알코올** 13.5% | **가격** 5만원대

까칠한 타닌과 무거운 바디감의 레드와인이 싫다면 적절한 산도와 오일리한 질감을 지닌 미국 캘리포니아산 샤르도네로 만든 화이트와인을 추천합니다. 오크 숙성을 거쳐 일반 화이트와인에 비해 약간의 바디감을 느낄 수 있어 가벼운 육류는 물론 해산물과도 잘 어울리지요. 남녀 모두 편하게 마실 수 있는 것도 장점입니다.

---

30 비네롱 드 뷕시 부르고뉴 코트 샬로네즈 피노 누아
Vignerons de Buxy Bourgogne Cote Chalonnaise Pinot Noir

`dry` `semi-dry` `medium` `semi-sweet` `sweet`

레드 | **프랑스** | **타닌** 약 | **바디감** 미디엄 | **산도** 중 | **알코올** 12.5% | **가격** 5만원대

비네롱 드 뷕시는 프랑스 부르고뉴의 소규모 포도 재배 농부들이 모여 만든 협동조합입니다. 부르고뉴 피노 누아 특유의 가벼운 타닌과 적절한 산도, 신선한 풍미로 거부감 없이 마실 수 있습니다. 섬세하면서 감칠맛 나는 질감으로 다양한 음식과 무난히 잘 어울리지요. 일반 레드와인에 비해 약간 낮은 온도에서 마셔야 좋습니다.

31 발레벨보 두에그라디
Vallebelbo Duegradi

dry	semi-dry	medium	semi-sweet	**sweet**

약 스파클링 화이트 | **이탈리아** | **타닌** 무 | **바디감** 라이트 | **산도** 중 | **알코올** 2% | **가격** 1만원대

레이블에 표기된 숫자에서 알 수 있듯이 2%라는 낮은 알코올 도수를 가진 와인으로 음료처럼 가볍게 즐길 수 있습니다. 모스카토 품종에서 오는 달콤하고 상쾌한 맛, 살포시 터지는 기포의 조화를 이뤄 남녀노소 모두에게 사랑받는 스타일로 특히 술을 잘 못 마시는 이들의 모임에 좋습니다. 과일이나 초콜릿 등의 달콤한 디저트와 잘 어울립니다.

32 발포모사 클래식 카바 세미 세코
Vallformosa Classic Cava Semi Seco

dry	**semi-dry**	medium	semi-sweet	sweet

스파클링 화이트 | **스페인** | **타닌** 무 | **바디감** 라이트 | **산도** 강 | **알코올** 11.5% | **가격** 2만원대

크리스마스 파티나 연말모임이라면 스파클링 와인을 빼놓을 수 없습니다. '아름다운 계곡'이란 뜻의 발포모사는 스페인의 스파클링 와인인 카바로 명성이 높습니다. 달콤한 과일향과 적당한 산도, 끊임없이 터지는 버블이 입 안을 상쾌하게 하지요. 자립게 마셔아 힘자면서 부드러운 버블의 맛을 즐길 수 있습니다.

33 베린저 화이트 진판델
Beringer White Zinfandel

dry	semi-dry	medium	semi-sweet	sweet

로제 | **미국** | **타닌** 무 | **바디감** 라이트 | **산도** 중 | **알코올** 10.5% | **가격** 2만원대

딸기향의 사랑스러운 장밋빛 컬러를 자랑하는 미국 스위트 와인의 대명사 화이트 진판델입니다. 알코올에 거부감이 있는 사람도 쉽게 마실 수 있는 상큼하고 달콤한 맛이 특징입니다. 안주 없이 시원하게 마셔도 좋지요. 달콤한 디저트를 선호하는 여성들의 모임이라면 더욱 환상의 궁합을 자랑합니다.

34 홉노브 피노 누아
HobNob Pinot Noir

dry	semi-dry	medium	semi-sweet	sweet

레드 | **프랑스** | **타닌** 약 | **바디감** 미디엄 | **산도** 중 | **알코올** 13% | **가격** 2만원대

홉노브란 '격의 없이 사이좋게 지내다'라는 의미를 담고 있어 친구나 지인들과의 모임에 함께하면 좋은 와인입니다. 타닌이 약하고 체리 같은 상큼한 과일향이 나므로 와인 초보자들도 부담없이 즐길 수 있으며 감각적인 레이블 디자인으로 젊고 캐주얼한 파티에 잘 어울립니다. 일반 레드와인에 비해 다소 낮은 온도에서 마셔야 제맛을 즐길 수 있습니다.

35 바롱 드 레스탁 보르도 레드
Baron de Lestac Bordeaux Red

| dry | semi-dry | medium | semi-sweet | sweet |

레드 | **프랑스** | **타닌** 중 | **바디감** 미디엄 | **산도** 약 | **알코올** 12% | **가격** 2만원대

프랑스 내 보르도 A.O.C 와인들 중 판매 1위인 바롱 드 레스탁의 와인으로, 전세계적으로 인지도가 높습니다. 품격 있는 연말모임이나 크리스마스 모임에 프랑스 보르도 와인을 사용하면 실패가 없습니다. 합리적인 가격이지만 보르도 와인 특유의 깊은 풍미와 세련된 맛을 느낄 수 있어 이제 막 보르도 와인을 접한 초보자에게도 적합합니다.

36 피터 르만 퓨처스 쉬라즈
Peter Lehmann Futures Shiraz

| dry | semi-dry | medium | semi-sweet | sweet |

레드 | **호주** | **타닌** 강 | **바디감** 풀바디 | **산도** 약 | **알코올** 14.5% | **가격** 7만원대

이름에서도 알 수 있듯이 한 해를 마감하고 새로운 각오로 멋진 미래를 준비하고자 신년의 각오를 다지는 자리에 더없이 잘 어울리는 와인입니다. 와이너리 설립 당시 처음으로 선물계약으로 판매될 만큼 자부심이 깃든 와인이기도 하지요. 진한 과실의 풍미와 향신료의 화려한 여운은 연말모임의 화려한 분위기를 연출하는 데 제격입니다. 직장 상사늘과의 모임에 지참하면 더욱 돋보일 수 있을 것입니다.

37 쏜 앤 도터 록킹 호스
Thorne & Daughters Rocking Horse

dry	semi-dry	medium	semi-sweet	sweet

화이트 | 남아공 | **타닌** 무 | **바디감** 라이트 | **산도** 중 | **알코올** 13.5% | **가격** 10만원대

친한 지인들이나 가족들과의 연말 모임에는 쏜 앤 도터에서 만든 내추럴 화이트와인을 추천합니다. 'Rocking Horse'라는 이름도 오래된 오크통 목재로 자신의 두 딸을 위한 흔들 목마를 만든 것을 기념해 지어진 것이지요. 포도 재배나 양조법에 있어서 내추럴 방식을 고집해 포도 자체의 풍미를 간직하고 있으며 절제된 산도와 우아하면서 유순한 질감이 특징입니다.

38 보데가 레나세르 푼토 피날 레세르바 말벡
Bodega Renacer Punto Final Reserva Malbec

dry	semi-dry	medium	semi-sweet	sweet

레드 | 아르헨티나 | **타닌** 강 | **바디감** 풀바디 | **산도** 약 | **알코올** 14.7% | **가격** 10만원대

'푼토 피날'은 스페인어로 '마지막 점', 와이너리 이름인 '레나세르'는 부활, 재탄생이라는 의미입니다. 연말을 잘 마감하고 한 해를 새롭게 시작하자는 의미로 연말모임에 준비하면 좋습니다. 고기요리와 잘 어울리는 묵직한 풀바디 와인이지만 부드러운 여운이 오래 남습니다.

선물용
── 08 ──

39 셰인 로우 프로파일
Sijnn Low Profile

| dry | semi-dry | medium | semi-sweet | sweet |

레드 | **남아공** | **타닌** 중 | **바디감** 풀바디 | **산도** 중 | **알코올** 14% | **가격** 8만원대

주목 받지 못한 지역에서 생산된 보석 같은 와인이라는 뜻으로 'Low Profile' 이라 명명되었습니다. 포도 재배가 전무했던 남아공 말가스 고원지대에서 자연친화적인 농법과 자연 효모를 이용해 만들어집니다. 시라와 포르투칼 포도 품종을 블렌딩해 강하지 않은 타닌과 다채로운 풍미가 특징이지요. 힘든 이에게 용기를 주거나 새로운 일에 도전하는 친구나 동료에게 성공을 기원하는 의미로 선물하면 좋습니다.

40 후안 길 실버 라벨
Juan Gil Silver Label

| dry | semi-dry | medium | semi-sweet | sweet |

레드 | **스페인** | **타닌** 강 | **바디감** 풀바디 | **산도** 약 | **알코올** 15% | **가격** 5만원대

스페인 와인 명가 후안 길에서 40년 이상 된 포도나무에서 수확한 포도로만 만들어 인생의 중년처럼 우아함과 노련미가 물씬 풍기는 와인입니다. 스페인 남부에서 주로 재배되는 모나스트렐 품종으로만 만들어지며, 타닌이 풍부하지만 부드러운 목넘김과 진한 맛으로 여성들노 편안하게 슬길 수 있습니다. 오래된 포도나무를 상징하는 예술적인 감각의 레이블 덕에 선물용으로 인기가 높습니다.

41 폰타나프레다 세라룽가 달바 바롤로
Fontanafredda Serralunga d'Alba Barolo

dry	semi-dry	medium	semi-sweet	sweet

레드 | **이탈리아** | **타닌** 강 | **바디감** 풀바디 | **산도** 약 | **알코올** 14% | **가격** 10만원대

차가운 샘물이라는 의미를 지닌 폰타나프레다는 이탈리아 와인의 왕이라 불리는 바롤로 지역의 최대 생산자입니다. 바롤로는 이탈리아 피아몬테 지방에서 재배되는 네비올로 품종으로만 만들어집니다. 유명세가 있어 와인을 즐겨 마시는 사람이라면 좋아할 만한 선물입니다. 파워풀하며 단단한 타닌, 묵직한 바디감의 전통적인 바롤로 와인을 느낄 수 있지요.

42 피터 르만 멘토
Peter Lehmann Mentor

dry	semi-dry	medium	semi-sweet	sweet

레드 | **호주** | **타닌** 강 | **바디감** 풀바디 | **산도** 약 | **알코올** 14% | **가격** 10만원대

존경하는 선배나 은사, 또는 고마운 사람을 위한 선물이라면 '헌정'의 의미를 담은 '피터 르만 멘토'가 제격이지요. 스승을 뜻하는 '멘토'라 명명한 이 와인은 호주 와인업계의 전설이자 스승으로 칭송받는 '피터 르만'에게 헌정하는 와인입니다. 카베르네 소비뇽, 메를로, 쉬라즈 등 다양한 품종을 블렌딩해 복합적이며 화려하지만 묵직한 타닌이 고급스럽습니다. 질 좋은 포도만을 사용해 한정 수량만 생산합니다.

43 필리터리 에스테이트 비달 아이스와인
Pillitterri Estate Vidal Icewine

| dry | semi-dry | medium | semi-sweet | sweet |

화이트 | **독일** | **타닌** 무 | **바디감** 라이트 | **산도** 중 | **알코올** 9% | **가격** 10만원대

발렌타인 데이에 초콜릿 대신 선물해도 좋을 만큼 달콤한 맛을 자랑하는 독일 켄더만사의 아이스 와인입니다. 사랑하는 연인은 물론 지인에게 고마운 마음을 전하기에 좋습니다. 알코올 도수가 낮고 꿀처럼 진한 달콤함이 특징이어서 식후 디저트 와인으로 좋습니다. 아이스 와인은 차게 마셔야 그 풍미를 제대로 즐길 수 있습니다.

44 리차드 커쇼 시라
Richard Kershaw Syrah

| dry | semi-dry | medium | semi-sweet | sweet |

레드 | **남아공** | **타닌** 중 | **바디감** 풀바디 | **산도** 중 | **알코올** 13.5% | **가격** 20만원대

남아공 최초의 '마스터 오브 와인'에서 스타 와인 메이커로 변신한 리차드 커쇼(Richard Kershaw)가 자신의 레이블로 만든 레드와인입니다. 내추럴 와인 메이킹 방식을 고집해 테루아의 특징이 잘 살아나는 섬세한 맛, 부드러운 타닌과 절제된 풍미가 조화를 이루어 세련되면서도 심세한 노시석 배력이 느껴지는 와인이지요. 연간 익 6,500병밖에 생산하지 않아 희소성이 있는 남아공 최고의 부티크 레드와인입니다.

교양인을 위한 첫걸음, 상식사전 시리즈!

내 안의 바리스타를 위한
커피 상식사전

트리스탄 스티븐슨 저 | 정영은 옮김
272쪽 | 15,000원

커피 안에 녹아 있는
역사와 문화, 다양한 이야기

티 소믈리에가 알려주는
차 상식사전

리사 리처드슨 지음 | 공민희 옮김
256쪽 | 15,000원

당신을 위로할
따뜻한 차 한 잔을 만나는 시간

역사와 문화, 이야기로 즐기는
와인 상식사전

이기태 지음 | 344쪽 | 16,500원

혼술, 모임, 비즈니스 미팅이
더 향기로워지는 시간

알면 알수록 맛있는
맥주 상식사전

멜리사 콜 지음 | 정영은 옮김
376쪽 | 17,500원

'진성 맥주 덕후'가 소개하는,
지금 당장 맥주를 마시러 가게 만드는 책!